# DAS GROSSE DRACHEN BUCH

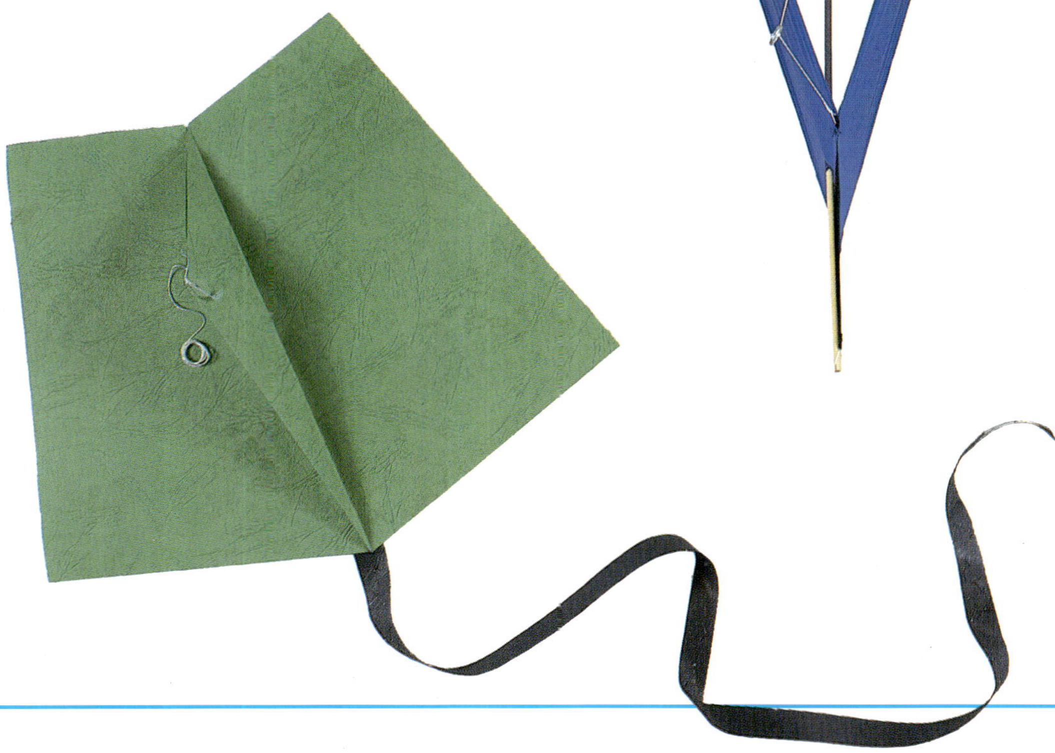

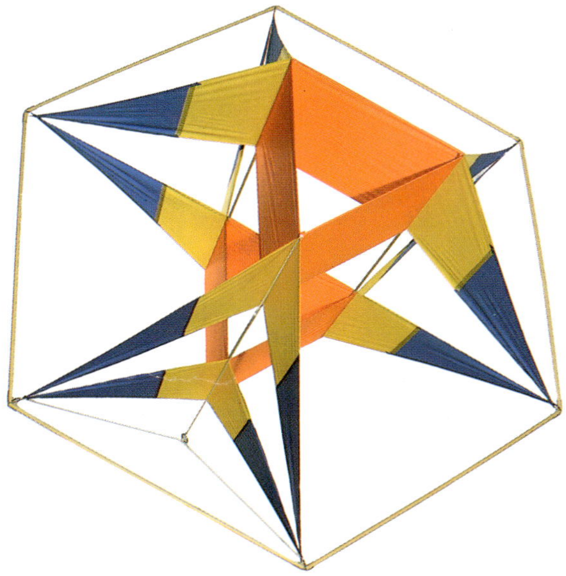

# DAS GROSSE DRACHEN BUCH

Paul und Helene Morgan

Otto Maier Ravensburg

Die Deutsche Bibliothek – CIP-Einheitsaufnahme

Das **grosse Drachenbuch** / Paul und Helene Morgan.
[Aus dem Engl. übertr. von Helmut K. Ziegler]. – Ravensburg : Maier, 1993
Einheitssacht.: The book of kites <dt.>
ISBN 3-473-42285-1
NE: Morgan, Paul; Morgan, Helene; EST

EIN DORLING KINDERSLEY BUCH

Ein Dorling Kindersley Buch
Originaltitel: „The Book of Kites"


Aus dem Englischen übertragen von Helmut K. Ziegler

Satz: E. Weishaupt, Meckenbeuren
Gesamtherstellung: New Interlitho, Italien
Printed in Italy
ISBN 3-473-42285-1

# INHALT

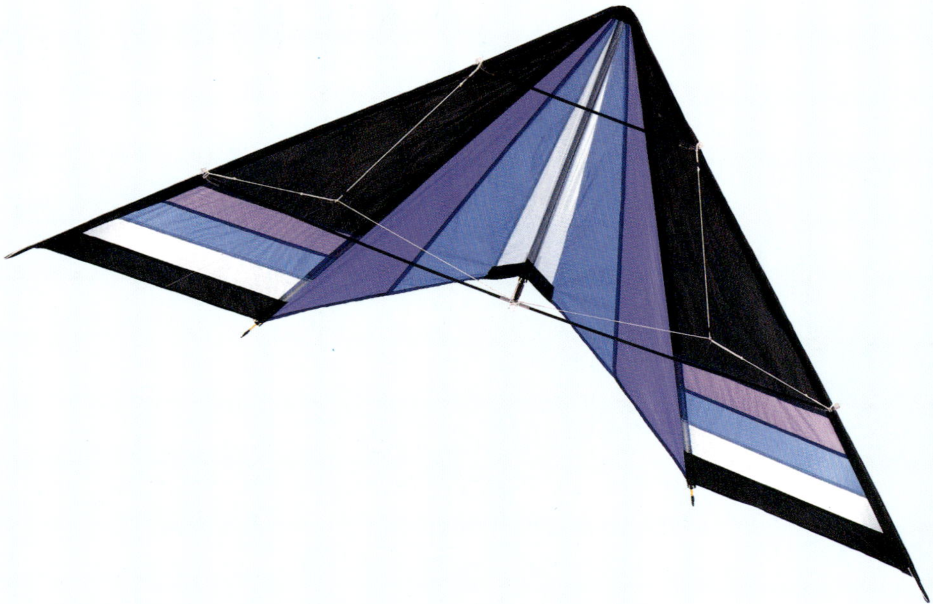

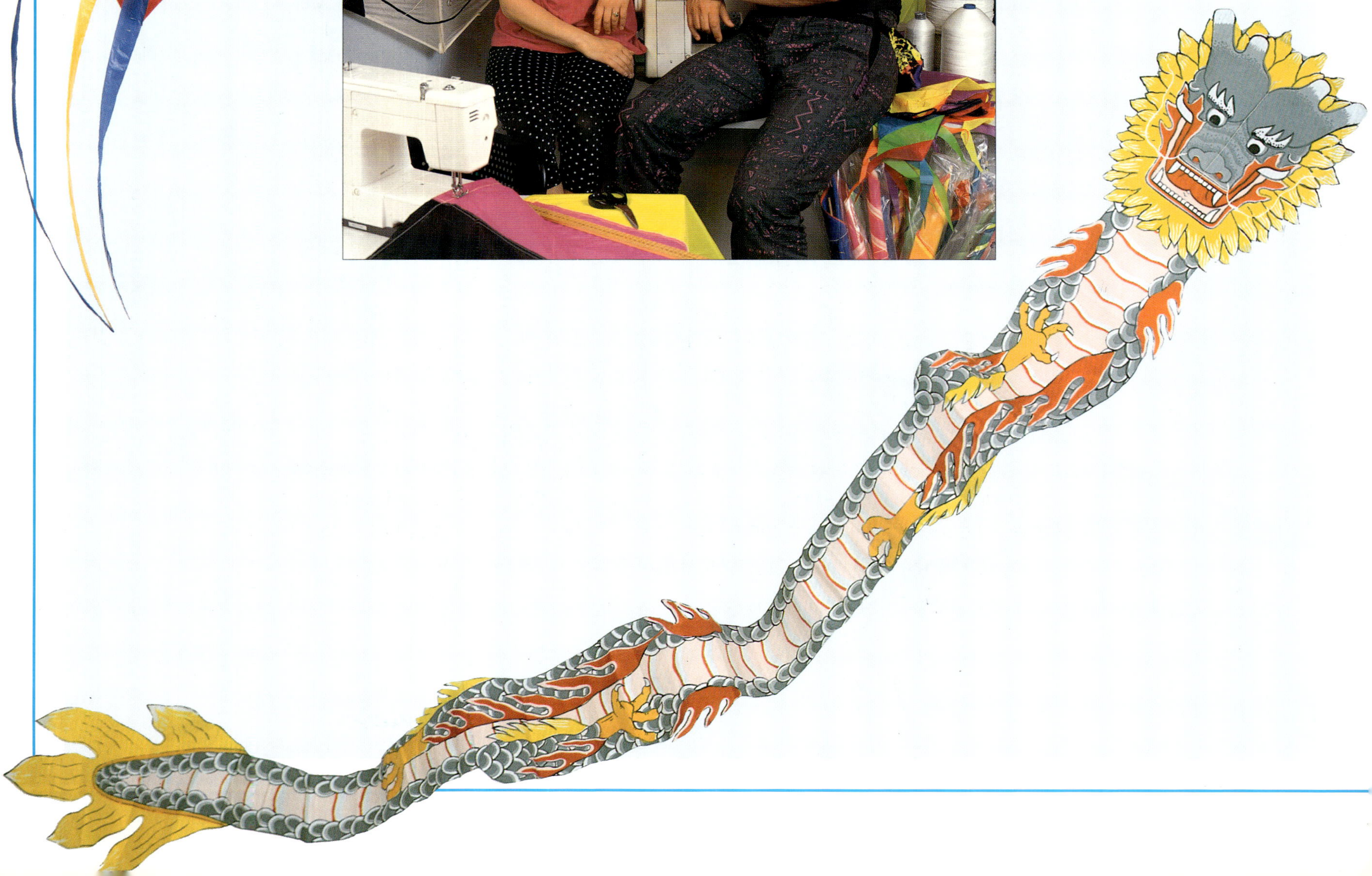

# Einführung

Wie sehr die Beliebtheit des Drachenfliegens zugenommen hat, zeigt sich an der immer größer werdenden Zahl neuer Drachen, die auf den Markt kommen; von einfachen Flachdrachen über gewölbte Drachen bis hin zu geometrischen Luftskulpturen und High-tech-Kunstflugmaschinen. Daß dieses „grüne" Hobby wirklich von jedermann und überall – jung oder alt, in der Stadt oder auf dem Land – ausgeübt werden kann, spielt dabei sicher eine wesentliche Rolle.

Das Drachenfliegen bietet jedem ganz eigene Erfahrungen und Erlebnismöglichkeiten. Während die Jungen voller Aufregung und Begeisterung beobachten, wie ihr erster kleiner Drachen durch den Himmel schießt und Figuren im Spiel des Windes zeichnet, kann für einen erfahrenen Piloten das geruhsame Betrachten eines großen, schweren Kastendrachens, der fast lautlos über ihm am Himmel steht, ungeheuer erholsam und befriedigend sein. Wieder andere suchen vor allem die Herausforderung, die beispielsweise das gekonnte Manövrieren eines Lenkdrachens bedeutet.

Für uns begann das Drachenfliegen mit dem Kauf eines Octopus-Drachens aus Plastikfolie, als wir mit unserem kleinen Sohn Jonathan am Strand waren. Der Drachen stand den ganzen Tag über am Himmel, und es tat uns richtig leid, als wir ihn wieder herunterholen mußten. Am nächsten Tag kauften wir einen weiteren Drachen dazu, und von da an hatte es uns gepackt. Wir beschafften uns alle Drachenbücher, die wir finden konnten, und begannen, nach den darin enthaltenen Vorlagen unsere ersten Drachen selbst zu bauen. Die Anleitungen waren nicht immer klar, so daß wir anfangs auch Fehler machten, aber bald hatten wir eine Menge Spaß und Vergnügen dabei, Drachen zu bauen und zu fliegen. Mit der Zeit wurden wir auch mutiger und änderten die vorgegebenen Formen, um herauszufinden, welchen Einfluß das auf die Flugeigenschaften eines Drachens haben würde. Schon bald sahen wir in allem und jedem eine mögliche neue Drachenform, und es dauerte gar nicht lange, bis wir – von der Idee über den Entwurf bis hin zur Ausführung – eine ganze Reihe von Drachen selbst geschaffen hatten.

In diesem Stadium beschlossen wir, daß sich von nun an das Hobby selbst finanzieren müsse. Ermutigt durch unsere örtlichen Drachenfliegerfreunde, gingen wir schließlich zur Bank und eröffneten 1986 unser erstes Drachenunternehmen, „Morgan Kites". Zunächst stellten wir nur eine kleine Kollektion von Drachen her: einige unserer Eigenentwürfe, dazu eine kleine Auswahl klassischer Formen. Doch Schritt für Schritt wagten wir uns immer weiter voran, und heute verkaufen wir unsere Drachen weltweit. Die Bauanleitungen für einige unserer Eigenkonstruktionen haben wir übrigens in dieses Buch aufgenommen.

Unser jüngstes Unternehmen ist ein eigener Drachenladen, dem wir den Namen „Sky Bum" (Himmelsvagabund) gaben. Hier verkaufen wir Drachen aus aller Herren Länder ebenso wie die von uns selbst entwickelten und gebauten Hochleistungsdrachen.

Und noch immer erfüllt uns die gleiche Faszination und Freude wie in unserer Anfangszeit. Wir hoffen, daß Sie sich beim Anschauen und Lesen dieses Buches von unserer Begeisterung für Drachen und das Drachenfliegen mitreißen lassen: denn es ist ein wunderbares Gefühl, einen neuen Anhänger dieses wunderschönen Hobbys gewonnen zu haben!

Paul Morgan    Helene Morgan

# KLEINE DRACHEN-GESCHICHTE

Die faszinierende Geschichte der Drachen nahm ihren Anfang im Fernen Osten, wo sie irgendwann vor etwa 2500 Jahren zum ersten Mal geflogen wurden. Die ersten Drachen hatten meist die Form eines Vogels und waren immer mit einer großen symbolischen Bedeutung behaftet. Im Orient, wo Drachen in der örtlichen Folklore und in Legenden eine zentrale Rolle spielen, ist diese Tradition noch heute lebendig. In den Westen gelangte der Drachen zu Zeiten der großen Entdeckungen, als auch der Handel sich ausweitete. Nach und nach erkannte man die verschiedenen Möglichkeiten, sie als fliegende Werkzeuge zu nutzen; ihren Höhepunkt erlangte diese Art des Einsatzes von Drachen im 19. Jahrhundert.

## DRACHEN IM OSTEN

Die genaue Herkunft der Drachen verliert sich im Dunkel der Geschichte. Erstmals urkundlich erwähnt wurden sie in China, wo ein Handwerker um 500 v. Chr. einen – vermutlich vogelähnlichen – hölzernen Drachen baute. Die ersten chinesischen Drachen waren wahre Wunderwerke aus Seide und Bambus; doch erst als um das 2. Jahrhundert n. Chr. das billigere Papier zur Verfügung stand, wurden Drachen auch populär. Im Laufe der Zeit entstanden viele Volksfeste und Spiele, in deren Mittelpunkt das Drachenfliegen stand.

**Traditionelle chinesische Drachen**
Seit Jahrhunderten schon werden in China außergewöhnlich dekorative und künstlerisch gestaltete Drachen mit großer symbolischer Bedeutung geflogen.

## Militärischer Einsatz

Die Militärs in China und Japan erkannten sehr schnell die Möglichkeiten des Einsatzes von Drachen für ihre Zwecke, und so beziehen sich viele der frühen Erwähnungen von Drachen auf deren militärische Verwendung.

Um 200 v. Chr. soll ein chinesischer General mit Hilfe eines Drachens den Abstand von seiner Truppe bis zur Mauer einer belagerten Festung vermessen haben, um so einen Tunnel in der genau richtigen Länge bauen zu können. Etwa zur gleichen Zeit brachte ein anderer General Geräte, die ein summendes Geräusch erzeugten, an Drachen an, die er dann nachts über seinen Feinden fliegen ließ, um sie glauben zu machen, daß böse Geister sie angreifen würden. Und es gibt alte japanische Stiche, auf denen große Drachen mit von ihnen getragenen Bogenschützen abgebildet sind, die aus der Luft auf ihre Feinde schießen.

**Japanisches Neujahrsfest**
Lebhaftes Treiben am Neujahrstag in einer Straße des alten Tokio. Die farbenprächtigen traditionellen Gewänder wetteifern mit den am Himmel stehenden ornamentalen und nicht minder farbigen Papierdrachen. Im Hintergrund ist der Fudschijama zu sehen.

## Feste und Traditionen

Im gesamten Fernen Osten ist das Drachenfliegen seit jeher mit der Religion verknüpft. Bei vielen Fruchtbarkeitsriten und Festen anläßlich der Geburt eines Kindes spielte es eine zentrale Rolle, aber auch, um gutes Wetter oder eine reiche Ernte zu erbitten, ließ man Drachen steigen. In alten indischen Handschriften wird von Göttern und Göttinnen berichtet, die sich an Drachenkämpfen beteiligt haben. In Indonesien sah man Drachen als Götterboten an; man glaubte, daß sie die Seele des Menschen, der sie flog, verkörpern würden.

Von China aus brachten wahrscheinlich buddhistische Missionare den Drachen nach Korea und Japan. Koreanische Familien beschriften zu Neujahr Drachen mit den Namen und Geburtstagen ihrer Söhne und lassen sie dann steigen und davonfliegen, in dem festen Glauben, daß mit ihnen alle bösen Geister, die möglicherweise die Kinder geplagt haben könnten, weggetragen würden. Auf den, der einen solchen Drachen einfängt, gehen auch die bösen Geister über.

Die traditionellen japanischen Drachen werden mit Sagenfiguren oder Glückssymbolen geschmückt, wie etwa dem Drachen, der Reichtum verkörpert, dem Kranich oder auch der Schildkröte, die für ein langes Leben steht. Am fünften Tag des fünften Monats feiern japanische Familien die Geburt jedes im vergangenen Jahr geborenen Sohnes, indem sie buntbemalte, vom Wind aufgeblähte Schläuche oder Windsäcke in Form von Fischen fliegen lassen.

Auch in Thailand wird die alte Tradition des Drachenfliegens und des Drachenkampfes gepflegt. Die zwei wichtigsten traditionellen Modelle sind der männliche Chula, ein großer, sternförmiger Drachen, und der kleinere, diamantförmige, weibliche Pakpao. Während der Monsunzeit läßt man sie steigen, um den Regen wegzutreiben; zu anderen Zeiten fliegt man sie in Wettkämpfen, bei denen die teilnehmenden Mannschaften versuchen, die Drachen des jeweiligen Gegners zum Absturz zu bringen. Auch in Indien sind Drachenkämpfe sehr beliebt. Solche Wettbewerbe ziehen dort regelmäßig große Zuschauermengen an.

## DRACHEN IM WESTEN

Schon zur Zeit der alten Römer ließ man in Europa dekorativ gestaltete Windsäcke fliegen, möglicherweise die Vorläufer der späteren Drachen. Diese könnten im Laufe des 15. und 16. Jahrhunderts durch holländische, portugiesische und englische Kaufleute, die mit dem Fernen Osten Handel trieben, mitgebracht worden sein.

Unter den ersten Berichten über Drachen in Europa gibt es, aus dem Jahre 1589, die von einem Mann namens della Porta verfaßte Beschreibung eines rechteckigen Drachens aus China, den dieser für das Emportragen von Laternen, Feuerwerkskörpern oder gar Tieren für geeignet hielt.

Zu Beginn des 18. Jahrhunderts waren Drachen in ganz Europa verbreitet, hauptsächlich jedoch als Kinderspielzeug. In Frankreich dagegen steigerte sich die Begeisterung für Drachenkämpfe bis zur Besessenheit, so daß man diesen Sport – wegen des Aufruhrs und der Flurschäden, die er verursachte – im Jahre 1736 verbieten mußte.

**Drachen und Elektrizität**
Benjamin Franklin bei seinem Experiment, mit dem er nachweisen wollte, daß Blitze elektrischer Natur sind. Als die Drachenleine naß wurde, begann sie Elektrizität nach unten zu leiten und auf einen Schlüssel, der dort angebunden war, zu übertragen. Franklin hielt die Leine mit einem Band; wenn er sich mit seinen Fingerknöcheln dem Schlüssel näherte, kam es zu elektrischen Entladungen.

### Der Drachen als Forschungsinstrument

Gegen Mitte des 18. Jahrhunderts begann man sich mit den Möglichkeiten auseinanderzusetzen, Drachen für wissenschaftliche Untersuchungen einzusetzen. Zwei Schotten, Thomas Melvill und Alexander Wilson, führten ein Experiment durch, um Temperaturunterschiede in verschiedenen Höhen zu messen. Dafür ließen sie ein Gespann von sechs Drachen, an denen jeweils ein Thermometer befestigt war, bis zu einer Höhe von 900 m aufsteigen.

Das vielleicht berühmteste – und leichtsinnigste – Forschungsexperiment unternahm Benjamin Franklin, der 1752 beweisen wollte, daß Blitze das gleiche wie auf andere Weise erzeugte Elektrizität seien und nicht etwa der sichtbare Zorn Gottes. Dazu ließ er einen Drachen während eines heftigen Gewitters aufsteigen.

### Zugkraft

Schon lange hatte man beobachtet, daß ein Drachen, sobald er stabil in der Luft liegt, einen kräftigen Zug auf die Leine ausübt. Während des letzten Jahrhunderts begann man damit, sich diese Eigenschaft zunutze zu machen. 1826 ließ sich der Engländer George Pocock eine Erfindung patentieren, bei der zwei oder mehrere große Drachen ein „char-volant", eine leichte Kutsche, zogen. Andere griffen diese Idee auf, und am Ende des Jahrhunderts setzte man Drachen bereits für die mannigfaltigsten Zwecke ein, z. B. um Torpedos gegen ein schwimmendes Ziel auf dem Wasser zu schleppen oder ein Kabel über eine Schlucht des Niagara River zu ziehen.

### Manntragende Drachen

Der übermächtige Wunsch des Menschen, fliegen zu können, führte natürlich auch zu Experimenten mit Drachen. Es gab Männer, die sich an der Leine eines großen stabilen Drachens festzurren ließen, um von ihm mit in die Luft getragen zu werden. Der Amerikaner S. F. Cody wurde in diesem Zusammenhang wohl am bekanntesten.

### Vom Drachen zum Gleitflugzeug

1804 entwarf Sir George Cayley das Modell eines Gleiters, dessen Tragfläche ein Drachen war. Danach baute er ein Gleitflugzeug, das seinen Kutscher über ein Tal hinweg trug – der erste dokumentarisch festgehaltene Gleitflug eines Menschen. Gegen Ende des vorigen Jahrhunderts baute der Deutsche Otto Lilienthal einen Drachen, dessen Tragflächen den Flügeln eines Vogels nachgebildet waren. Octave Chanute, ein weiterer Flugpionier, setzte Lilienthals Werk fort und konstruierte einen Doppeldecker-Hängegleiter, der wiederum den Gebrüdern Wright bei ihren Flugversuchen in Amerika weiterhalf. Und die von den Wright-Brüdern konstruierten Doppeldecker-Drachen und größeren Gleiter führten letztlich, im Dezember 1903, zur Entwicklung des ersten Flugzeugs.

### High-Tech-Drachen

Um die Jahrhundertwende ging es mit dem Drachenbau immer schneller voran. 1893 verbesserte der nach Australien ausgewanderte Engländer Lawrence Hargrave seinen Zweizellen-Kastendrachen und setzte ihn zur Wetterbeobachtung ein. Er erfand auch einen Hängegleiter mit gewölbtem Tragflächenprofil. Und der Amerikaner William Eddy entwickelte den – heute nach ihm benannten – gewölbten Drachen, der ohne Schwanz stabil fliegt.

Drachen kamen im militärischen Bereich zu Beobachtungszwekken oder als Zielobjektträger für Schießübungen zum Einsatz – auch nach der Einführung des Flugzeugs. Im Zweiten Weltkrieg benutzte man Drachen sogar zum Schutz von Schiffen.

Nach dem Krieg gab es in der Drachenentwicklung einen weiteren entscheidenden Schritt nach vorn: mit der Erfindung des flexiblen, nicht starren Drachens, der nur vom Wind in Form gehalten wird. Der Schlittendrachen (Sled), von William Allison in Amerika konstruiert, ist ein solcher Typ.

1963 kam in Amerika Domina Jalbert auf die Idee des auf einem Tragflächenprofil basierenden Parafoil-Drachens. Nur wenige Jahre später wurde der leicht steuerbare Flexifoil entwickelt. Und als bald danach die Lenkdrachen von Peter Powell auf den Markt kamen, war dies der Auslöser für ein immer stärker werdendes Interesse an Drachen und die heutige Popularität des Drachenfliegens.

### Vom Drachen gerettet

Ende des letzten Jahrhunderts ersann der Franzose C. Jobert eine Methode zur Rettung Schiffbrüchiger. Unter Ausnützung der starken Winde, die ein Schiffsunglück meist begleiten, sollte ein Drachen mit angehängtem Seil so über das havarierte Schiff gesteuert werden, daß die Schiffbrüchigen das Seil erfassen und in Sicherheit gezogen werden konnten.

S. F. Cody, an einem seiner berühmten, mit Flügeln versehenen Kastendrachen schwebend

**DER AUFFALLENDE MR. CODY**

Eine der schillerndsten Figuren unter den Drachenpionieren war Samuel Franklin Cody, ein in England lebender Amerikaner. 1901 erhielt er ein Patent für einen zweizelligen Kastendrachen mit Seitenflügeln, der Personen tragen konnte. Eine seiner weiteren Großtaten war die Kanalüberquerung im Drachenschlepp. Trotz seines eifrigen Bemühens um die praktische Nutzung seiner Erfindungen durch das Militär wurde er – wegen seiner langen Haare und seines unkonventionellen Auftretens in Wildwest-Manier – nicht ernst genommen. Dennoch erhielt er 1906 in Farnborough, wo er seine Cody-Militärdrachen baute, den Offiziersrang. Er war auch der erste in Britannien, der ein Flugzeug flog. 1913 starb er, als er bei einem Luftrennen rund um England mit einem von ihm konstruierten Wasserflugzeug abstürzte.

### Gibson Girl

Der vielleicht berühmteste Drachen des Zweiten Weltkrieges, der „Gibson Girl", verdankte seinen Namen der taillierten Form des dazugehörigen Funkgerätes. Der Drachen war Teil der Seenotrettungsausrüstung für Flugzeugbesatzungen, die auf dem Meer notwassern mußten. Er trug eine dünne Notantenne empor, die mit dem Funkgerät verbunden war. Dieses konnte dann, mit handbetriebenem Dynamo, SOS-Signale aussenden.

Ein aufgebauter Gibson-Girl-Drachen

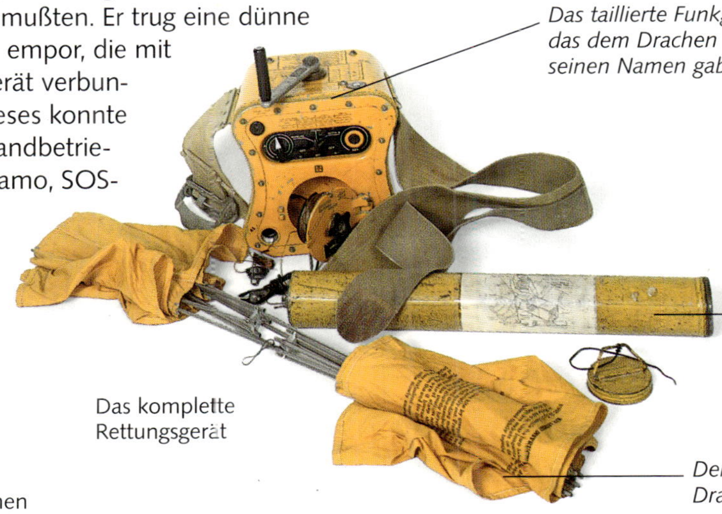

*Das taillierte Funkgerät, das dem Drachen seinen Namen gab*

*Schutzhülle aus Metall zur Aufbewahrung des Drachens*

Das komplette Rettungsgerät

*Der zusammengelegte Drachen*

# DRACHEN-KATALOG

*Um Ihnen eine Vorstellung von der enormen Vielfalt der heute erhältlichen Drachenkonstruktionen zu vermitteln, zeigen wir Ihnen hier eine Auswahl klassischer und moderner High-Tech-Drachen aus der ganzen Welt, nach Drachentypen zusammengestellt.*

# AUFBAU EINES DRACHENS

Obwohl der Aufbau der verschiedenen Drachentypen stark variiert, gibt es doch eine Reihe von Konstruktionsmerkmalen und Einzelteilen, die alle gemeinsam haben. Anhand der drei hier gezeigten Drachen – ein stabloser, ein Lenk- und ein Kastendrachen – werden, in Form eines kleinen Bildlexikons, die wichtigsten Grundbegriffe des Drachenaufbaus erläutert.

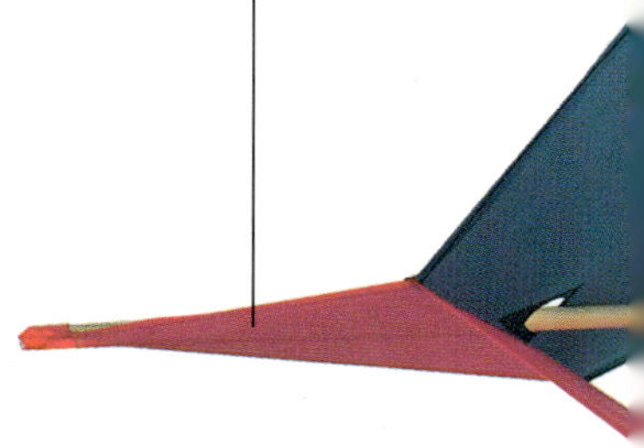


## Stabloser Drachen

Der „weiche" Drachen („Soft Kite") besitzt kein Gestänge, sondern wird vom Wind aufgebläht und in Form gehalten.

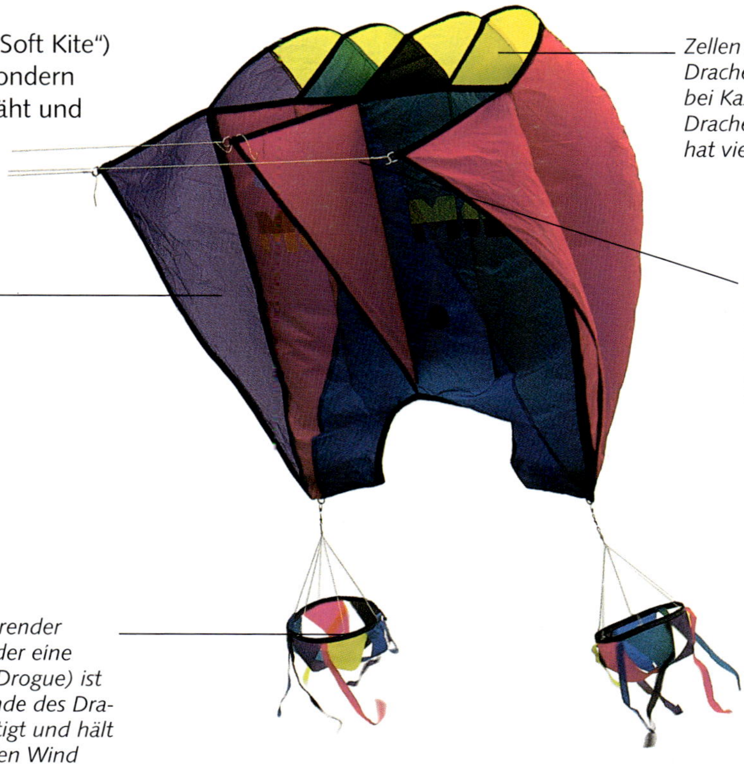


## Lenkdrachen

Lenkdrachen sind Flachdrachen, meist dreieckig oder diamantförmig, die mit zwei bis vier Steuerleinen kontrolliert werden, um am Himmel Flugfiguren ausführen zu können.

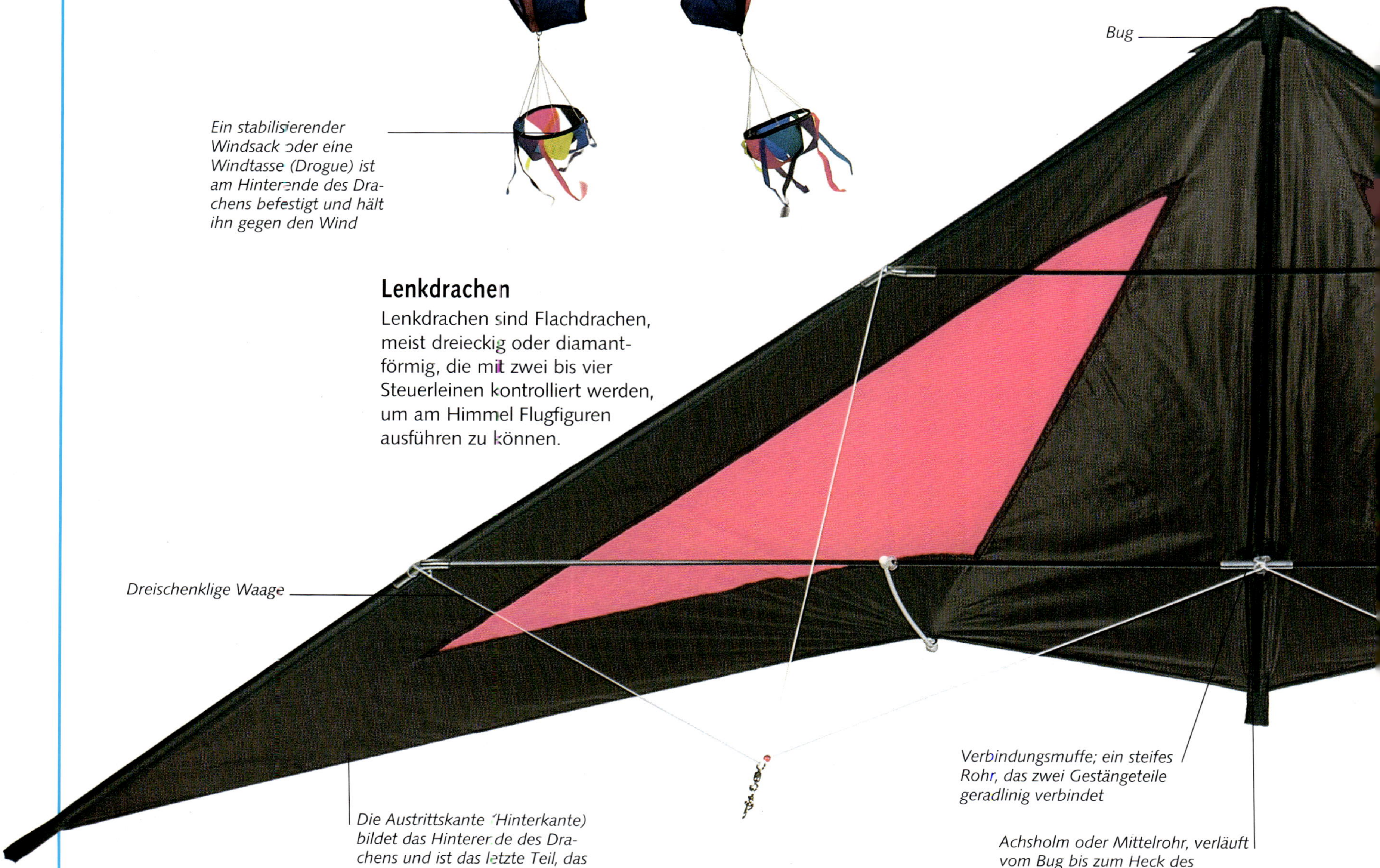

## Kastendrachen

Ein dreidimensionaler Drachen mit vielen Tragflächen, in Form gehalten durch ein Gerüst von Stäben.

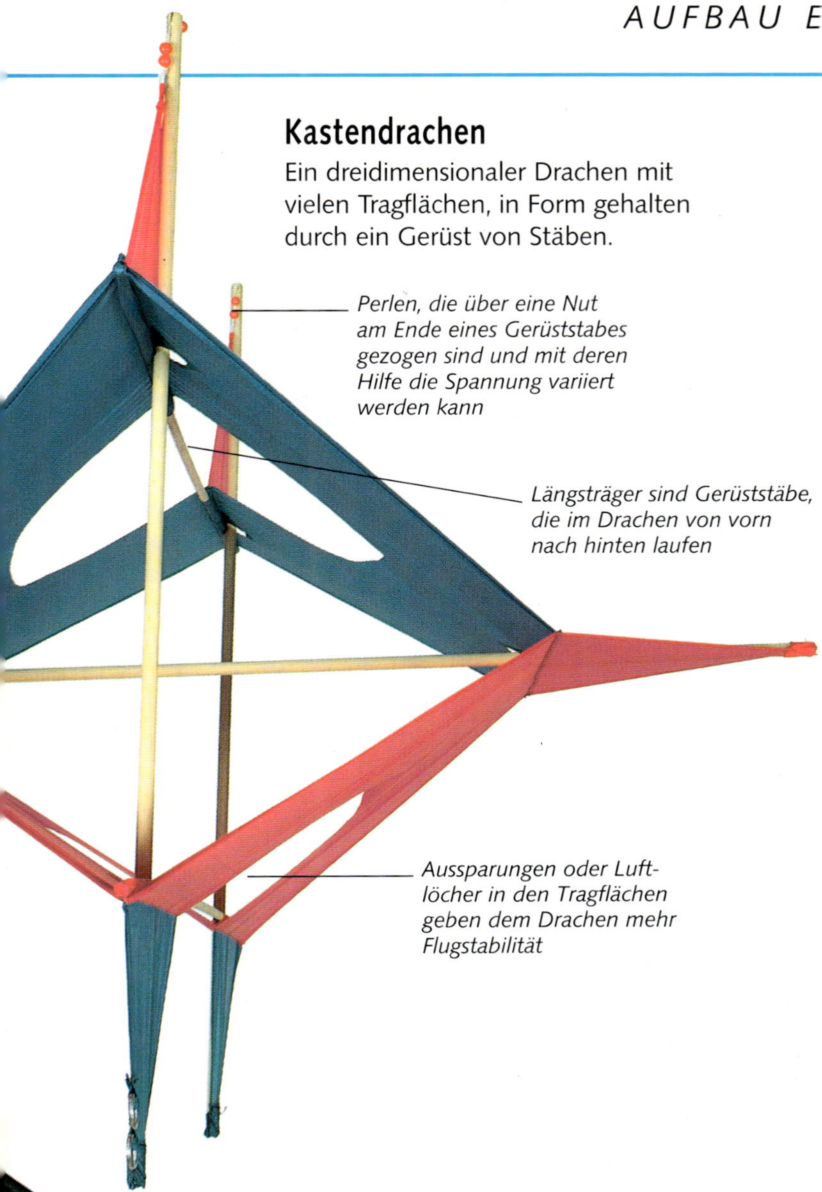

*Perlen, die über eine Nut am Ende eines Gerüststabes gezogen sind und mit deren Hilfe die Spannung variiert werden kann*

*Längsträger sind Gerüststäbe, die im Drachen von vorn nach hinten laufen*

*Aussparungen oder Luftlöcher in den Tragflächen geben dem Drachen mehr Flugstabilität*

**EINIGE FACHAUSDRÜCKE**

**Auftrieb** ist die Kraft nach oben, die beim Anströmen des Drachens erzeugt wird.

**Bruchlast** ist die Belastung, die eine Flugleine aushält, ohne zu reißen. Sie wird in daN (Deka Newton) angegeben, fälschlicherweise oft noch in kg oder kp (Kilopond). Größere Drachen benötigen generell Leinen mit höherer Bruchlast.

**Bugwinkel** ist der Winkel, den die Vorderkanten eines dreieckigen Drachens gegeneinander bilden.

**Flugwinkel** ist der Winkel, mit dem der Drachen in Relation zum Piloten in der Luft steht. Er hängt vom Drachentyp ab. Ein Delta z. B. fliegt fast senkrecht über dem Kopf und hat definitionsgemäß einen großen Flugwinkel. Ein diamantförmiger Malaiendrachen fliegt in einem Winkel von etwa 45° zur Erdoberfläche und hat damit einen kleineren Flugwinkel.

**Flugzeugprofil** ist der Querschnitt eines Drachens, der wie das stromlinienförmige Abbild eines Flugzeugflügels aussieht. Es findet sich nur bei bestimmten stablosen Drachen, wie etwa dem Parafoil.

**Gipfelhöhe** ist die höchste Höhe, die ein Drachen erklimmen kann.

**Stabilität** ist die Fähigkeit eines Drachens, einen geraden Kurs zu halten.

**Streckung** nennt man das Verhältnis der Spannweite zur Länge. Ist ein Drachen breiter als lang, wie der abgebildete Lenkdrachen, hat er eine hohe Streckung und wird im Wind hoch stehen, ist jedoch schwer im stabilen Flug zu halten. Ist dagegen ein Drachen länger als breit, hat er eine geringe Streckung und fliegt stabiler, kann aber auch leichter absacken.

**Turbulenzen** sind Windwirbel, die die Luftströmung stören; sie werden durch Hindernisse erzeugt.

**V-Form** ist der Winkel, den die Tragflächen eines Drachens bei Vorderansicht gegen die Horizontale bilden.

**Windgeschwindigkeit** ist die Geschwindigkeit des Windes, mit der er auf den Drachen trifft.

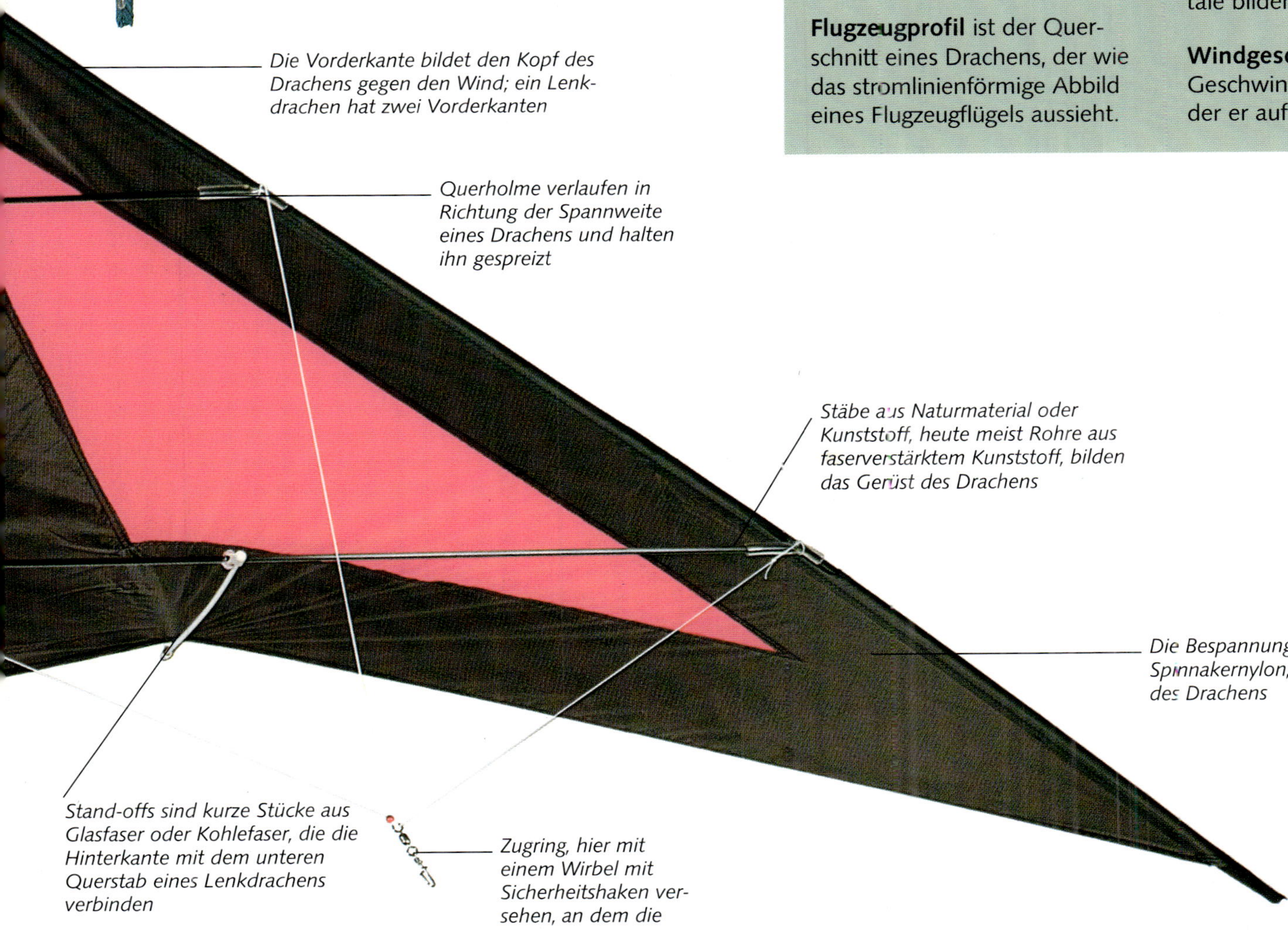

*Die Vorderkante bildet den Kopf des Drachens gegen den Wind; ein Lenkdrachen hat zwei Vorderkanten*

*Querholme verlaufen in Richtung der Spannweite eines Drachens und halten ihn gespreizt*

*Stäbe aus Naturmaterial oder Kunststoff, heute meist Rohre aus faserverstärktem Kunststoff, bilden das Gerüst des Drachens*

*Die Bespannung, meist aus Spinnakernylon, ist die Haut des Drachens*

*Stand-offs sind kurze Stücke aus Glasfaser oder Kohlefaser, die die Hinterkante mit dem unteren Querstab eines Lenkdrachens verbinden*

*Zugring, hier mit einem Wirbel mit Sicherheitshaken versehen, an dem die Flugleine befestigt ist*

# TRADITIONELLE DRACHEN

Traditionelle Drachen, oft dekorativ verziert mit sagenhaften Kreaturen wie Schlangen und Drachen oder anderen legendären Figuren, werden bei Drachenfestivals in der ganzen Welt geflogen. Viele kommen aus dem Fernen Osten, wo das Drachenfliegen schon vor Tausenden von Jahren praktiziert wurde. Einige, wie der Centipede („Tausendfüßler") aus China, sind genaue Kopien der alten Vorbilder; andere stellen Variationen dar, bei denen teilweise schon moderne Materialien verwendet wurden oder die ein dekorativeres Aussehen erhielten. Traditionelle Drachen werden auch in den Westen exportiert, wobei die billigeren Massenprodukte oft nur der Dekoration dienen; sie sind recht zerbrechlich und längst nicht so sorgfältig gearbeitet wie solche, die nur in kleineren Stückzahlen oder gar als Einzelstücke hergestellt werden.

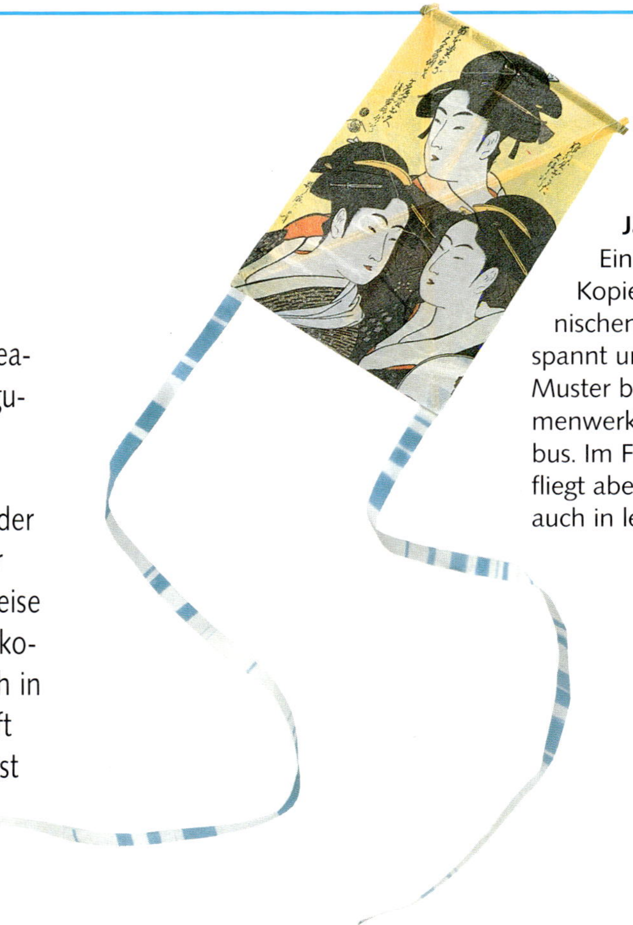

**Japanese Edo**
Eine genaue, verkleinerte Kopie eines klassischen japanischen Entwurfs, papierbespannt und mit traditionellem Muster bedruckt, auf einem Rahmenwerk aus gespaltenem Bambus. Im Flug ist er leicht gebogen, fliegt aber aufgrund seiner Größe auch in leichtesten Winden stabil.

**Größe**
6 x 8,5 cm
**Windstärke**
sehr gering
**Erforderliche Geschicklichkeit**
mittel bis fortgeschritten
**Leinenbruchlast**
1 – 2 daN

**Chinese Centipede**
Ein aufsehenerregender Tausendfüßler, bestehend aus vielen miteinander verbundenen kreisförmigen Drachen, vorn mit einem dreidimensionalen Drachenkopf versehen. Jedes Drachenteil wird, durch Verstellen der Querstäbe und Anpassung der Quasten an deren Enden, einzeln auf besten Flug getrimmt. Die Bespannung ist meist aus Papier, manchmal aber auch aus Seide.

**Chinese Butterfly**
Dieser fragile Schmetterlingsdrachen aus Papier, mit seinen wunderschönen Flügeln in feinen Schattierungen von Grün und Blau, wird hauptsächlich für Dekorationszwecke verwendet. Jede Flügelfläche besteht aus zwei Hälften, die in den dreidimensionalen Rumpf gesteckt sind. Der Drachen kann auch aus Seide gefertigt werden.

**Spannweite**
1 m
**Windstärke**
leicht
**Erforderliche Geschicklichkeit**
Anfänger bis durchschnittlich
**Leinenbruchlast**
12 daN

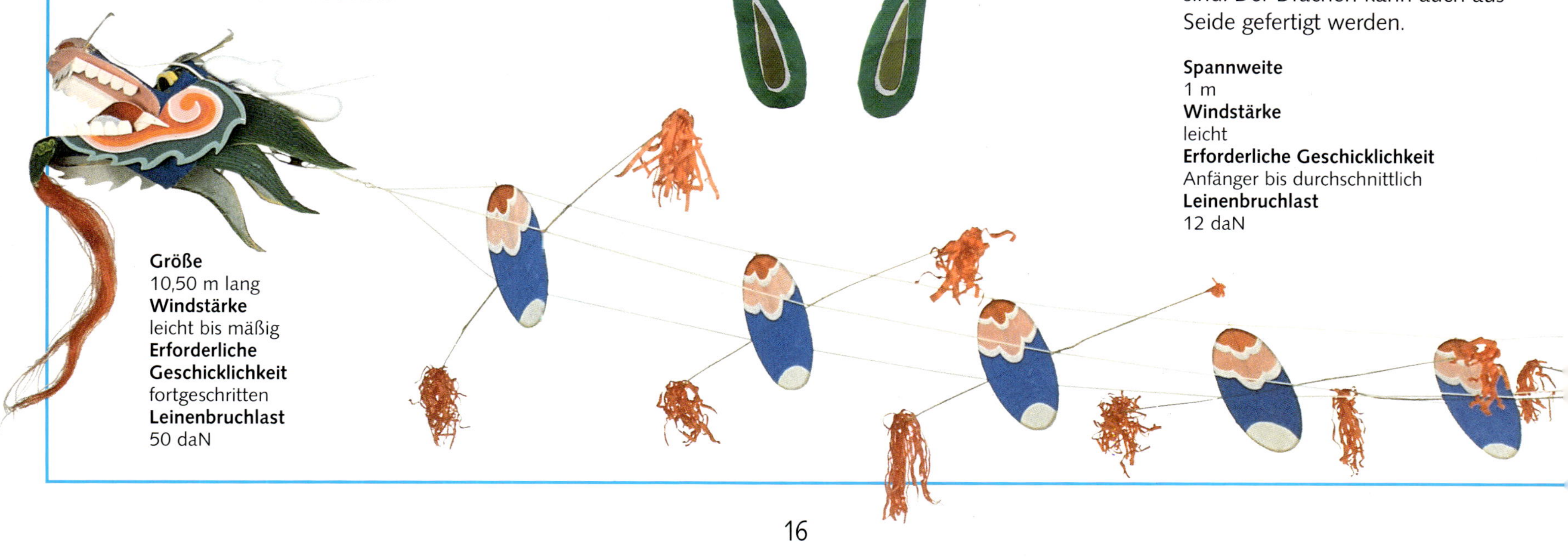

**Größe**
10,50 m lang
**Windstärke**
leicht bis mäßig
**Erforderliche Geschicklichkeit**
fortgeschritten
**Leinenbruchlast**
50 daN

**Spannweite**
71 cm
**Windstärke**
leicht bis mäßig
**Erforderliche Geschicklichkeit**
durchschnittlich bis fortgeschritten
**Leinenbruchlast**
18 daN

## Thai Pakpao

Ein Kampfdrachen aus Papier und Bambus, der gegen einen sehr viel größeren Drachen, einen Chula, geflogen wird. Der kleinere, das weibliche Prinzip verkörpernde Pakpao verfolgt dabei das Ziel, den männlichen Chula-Drachen mit seinem langen Schwanz zu umgarnen und ihn so zu Boden zu zwingen. Der hier abgebildete Drachen ist mit bunt bedrucktem Papier bespannt, traditionsgemäß müßte er aber einfach weiß sein.

## European Peartop

Der schildförmige Drachen ist ein traditioneller europäischer Entwurf, ähnlich den Drachen, die zu Beginn des letzten Jahrhunderts zum Schleppen von Kutschen verwendet wurden. Der Achsholm besteht aus einem hölzernen Rundstab, der bogenförmige Bugholm aus Fiberglasrohr. Der „Birnenkopf" braucht zum Fliegen einen Schwanz

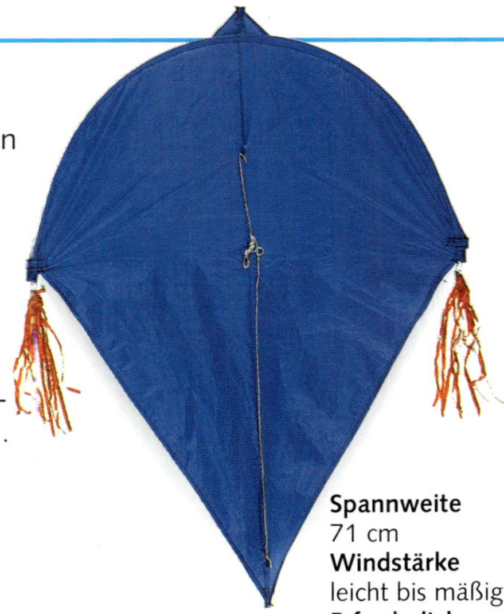

**Spannweite**
71 cm
**Windstärke**
leicht bis mäßig
**Erforderliche Geschicklichkeit**
durchschnittlich bis fortgeschritten
**Leinenbruchlast**
12 daN

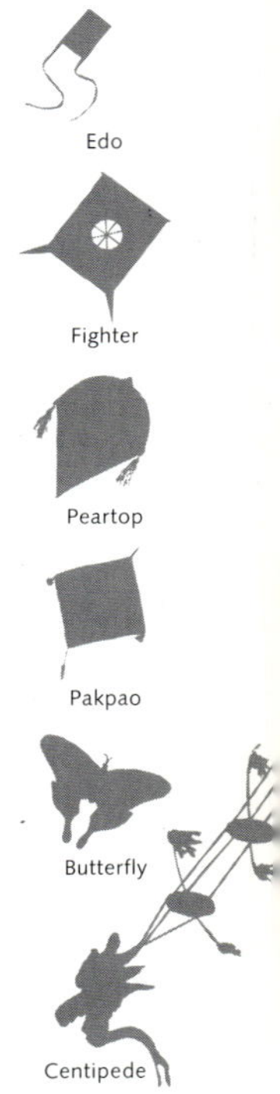


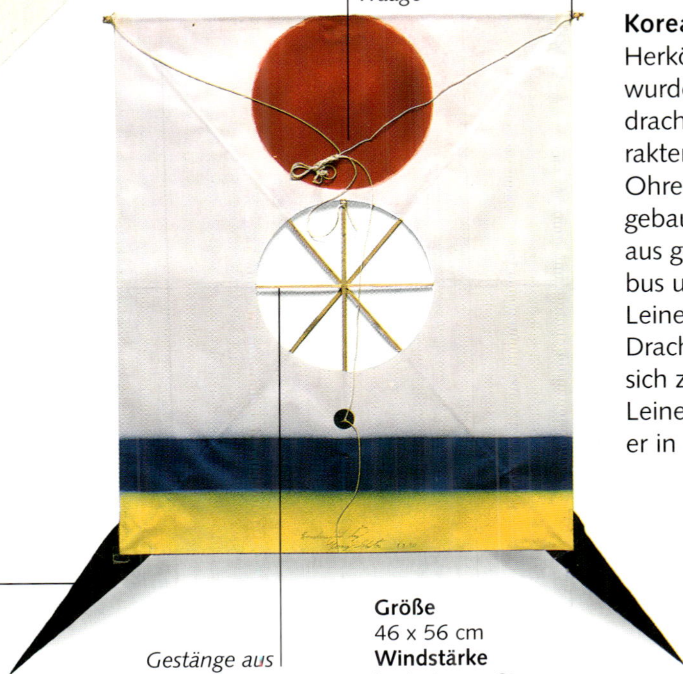


## Korean Fighter

Herkömmlich mit Papier bespannt, wurde dieser rechteckige Kampfdrachen mit Mittelloch und charakteristischen spitzen schwarzen Ohren aus kräftiger Polyesterfolie gebaut. Der Gerüstrahmen besteht aus gespaltenem leichtem Bambus und ist sehr stark. Wird die Leine locker gelassen, sackt der Drachen nach unten und dreht sich zur Seite. Wird dann die Leine wieder angezogen, schießt er in eine andere Richtung los.

**Größe**
46 x 56 cm
**Windstärke**
leicht bis mäßig
**Erforderliche Geschicklichkeit**
durchschnittlich
**Leinenbruchlast**
18 daN

## Patchwork-Drachen

Das Fliegen großer, runder, aus Papierstücken zusammengeklebter Drachen ist bei den Indianern Guatemalas Tradition.

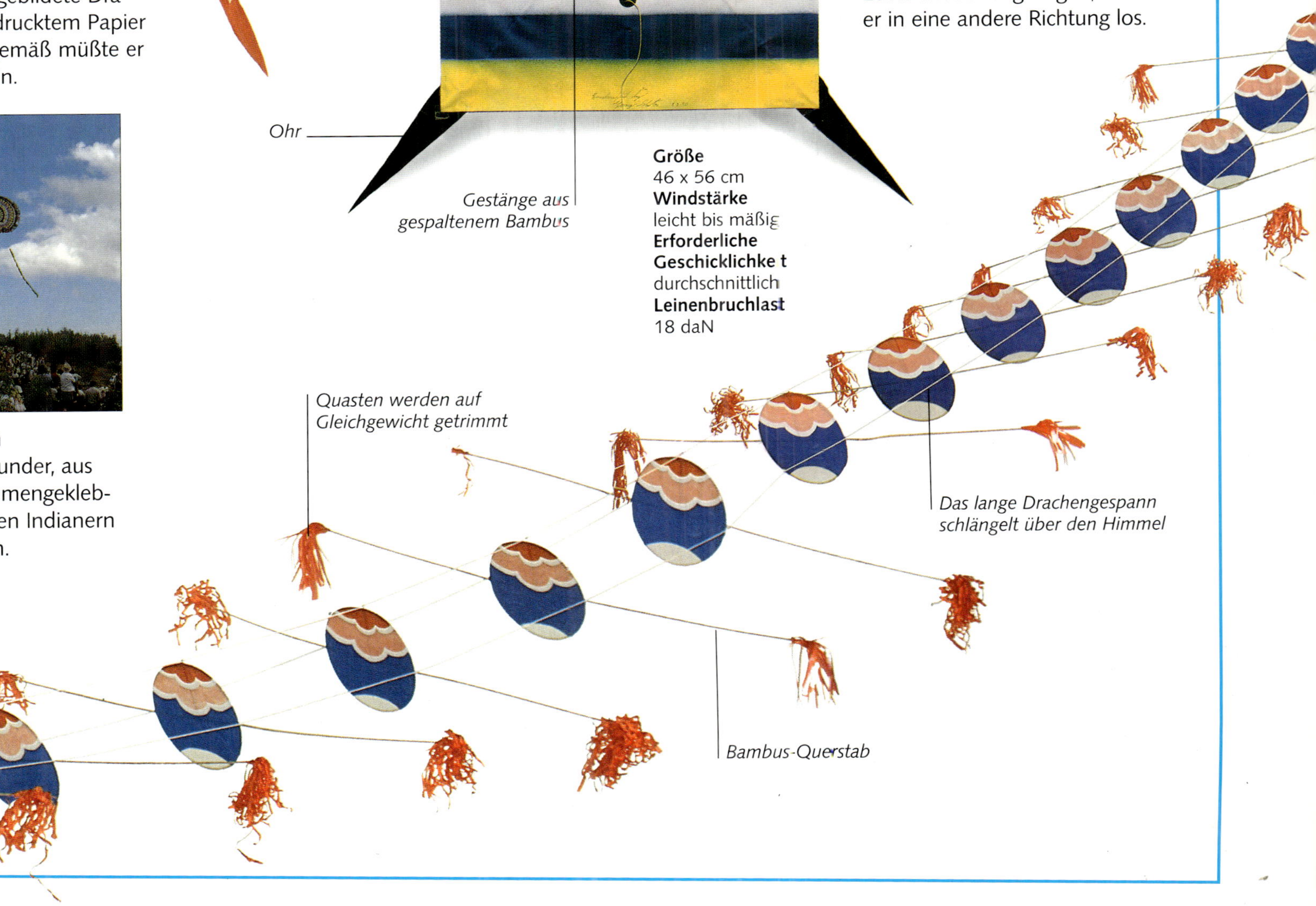

# Flachdrachen

Die ältesten aller Drachen, die Flachdrachen, sind meist sehr einfach konstruiert, bieten dafür aber eine ideale Oberfläche für aufwendige Dekorationen. Werden sie dann noch durch einen langen, vielfarbigen Schwanz komplettiert, sind die farbenfrohen Drachen am Himmel ein aufsehenerregender Anblick.

Flachdrachen sind von Natur aus instabil. Ohne zusätzliche Stabilisierung fangen sie an zu kreiseln und fallen vom Himmel. Eine Möglichkeit, ihnen Stabilität zu verleihen, ist das Anbringen eines Schwanzes, der den Drachen durch Erzeugung von Widerstand am hinteren Ende gegen den Wind richtet. So ausgerüstet, fliegen Flachdrachen oft in viel stärkeren Winden als viele andere. Man kann Stabilität aber auch dadurch erreichen, daß man die Querholme sehr leicht hält; dadurch werden sie biegsamer und nehmen unter dem Druck des Windes eine gewölbte Form an.

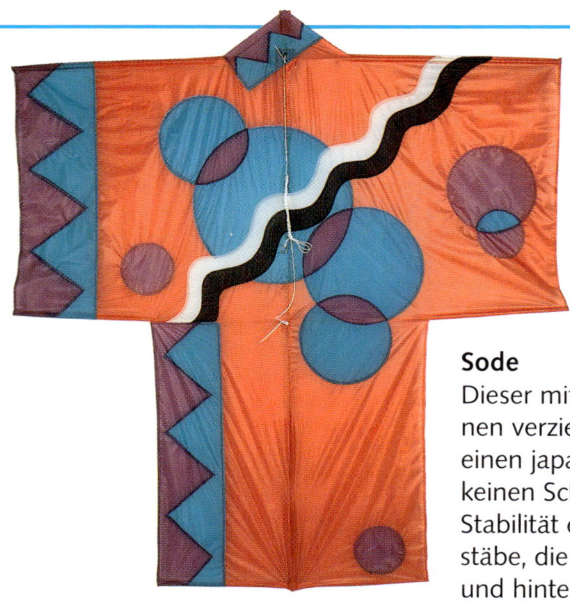

**Größe**
1,2 m Breite und Länge
**Windstärke**
mäßig
**Erforderliche Geschicklichkeit**
durchschnittlich
**Leinenbruchlast**
27 daN

**Sode**
Dieser mit attraktiven Applikationen verzierte Drachen erinnert an einen japanischen Kimono. Er hat keinen Schwanz, sondern erhält Stabilität durch drei leichte Querstäbe, die sich vorn, in der Mitte und hinten im Wind nach hinten biegen und so dem Drachen eine natürliche Wölbung verleihen. Der Achsholm verläuft in der Mitte von vorn nach hinten.

**Della Porta**
Ein einfacher Rechteckdrachen mit zwei Diagonalverstrebungen und einem langen Schwanz zur Stabilisierung. Beide Schwanzenden sind mit je einer Ecke der Hinterkante des Drachens verbunden. Will sich der Drachen nach einer Seite drehen, verlängert sich auf der anderen Seite die wirksame Schwanzlänge, und der erhöhte Widerstand dreht den Drachen in die ursprüngliche Lage zurück.

**Größe**
45 x 70 cm
**Windstärke**
leicht bis stark
**Erforderliche Geschicklichkeit**
Anfänger
**Leinenbruchlast**
12 daN

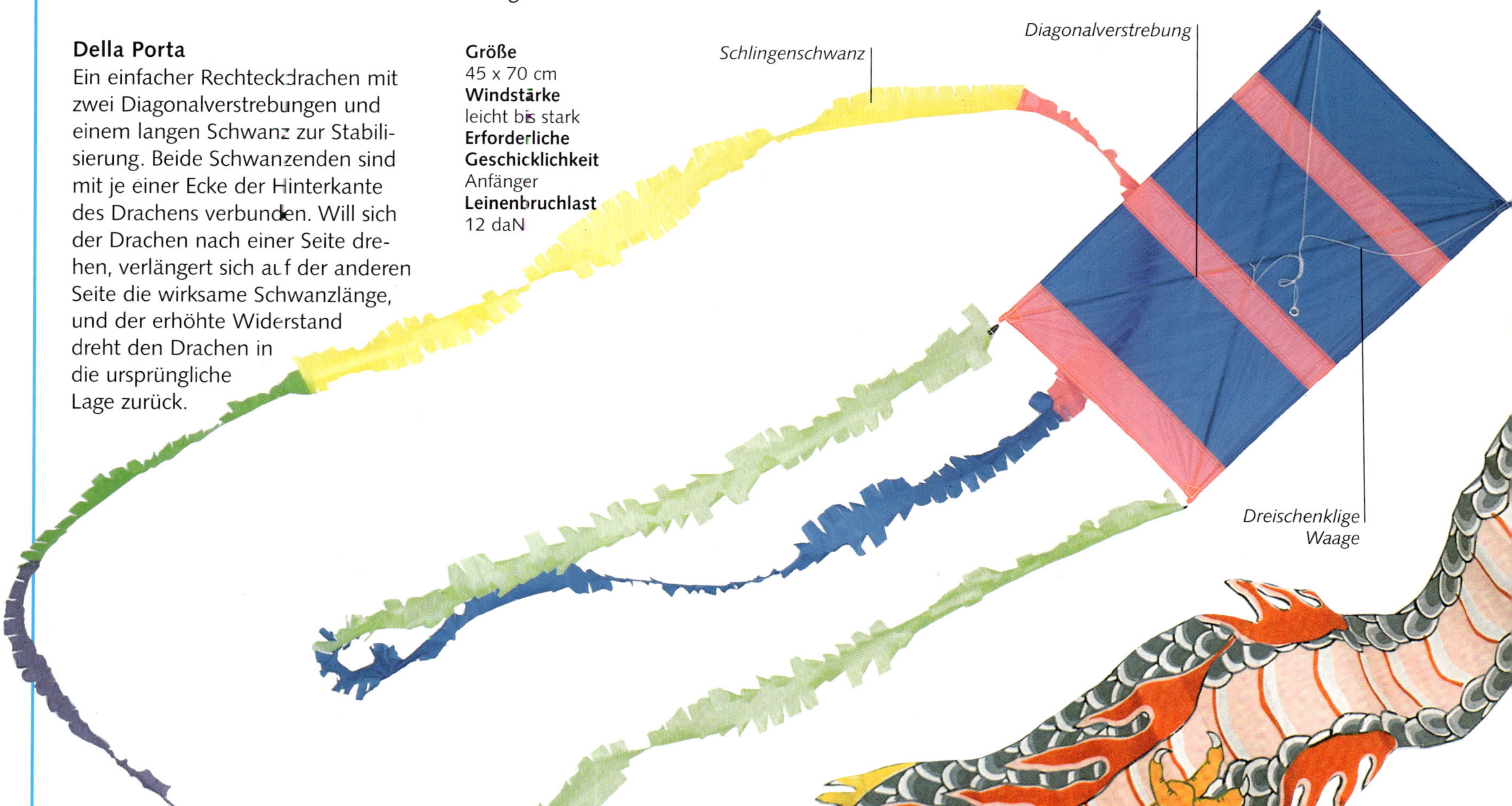


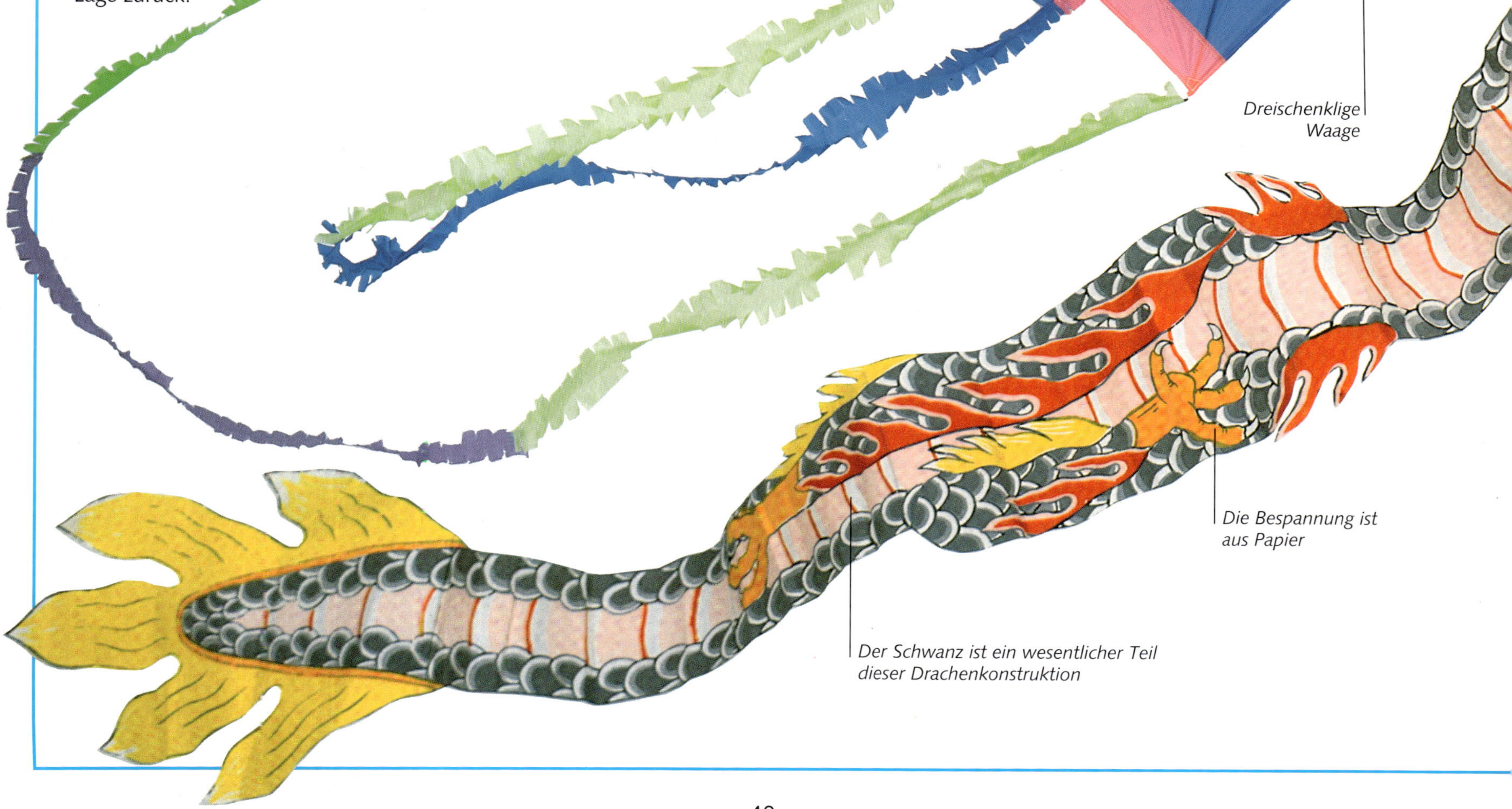

### Schlange

Dieser langschwänzige Schlangendrachen ist ein Modell aus Thailand. Bedingt durch den langen Schwanz, die Waageeinstellung und die gebogene Kopfleiste aus Bambus, die das Gesicht gespreizt hält, fliegt er unter fast allen Windbedingungen sehr stabil.

**Größe**
3 m lang
**Windstärke**
leicht bis mäßig
**Erforderliche Geschicklichkeit**
Anfänger
**Leinenbruchlast**
12 daN

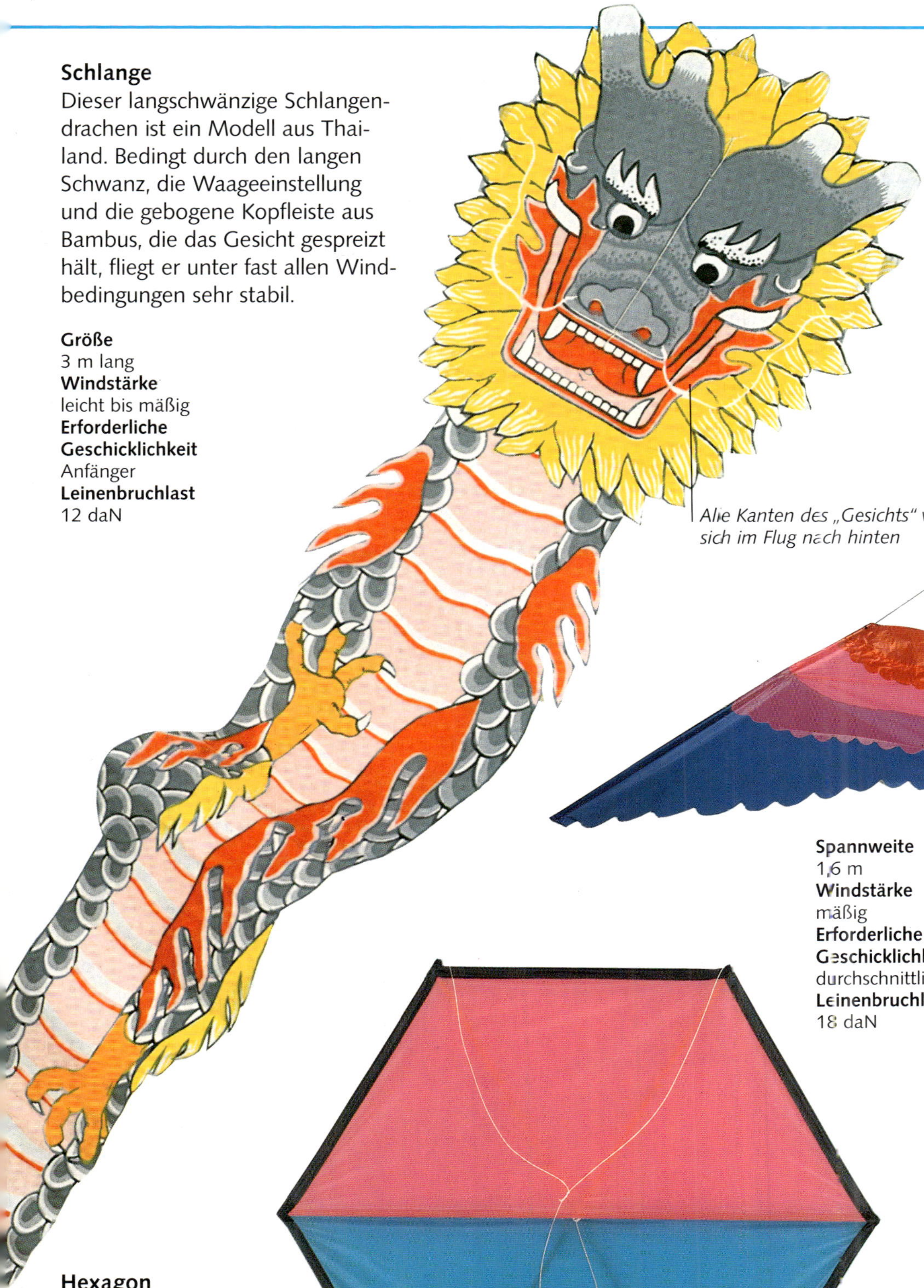

*Alle Kanten des „Gesichts" wölben sich im Flug nach hinten*

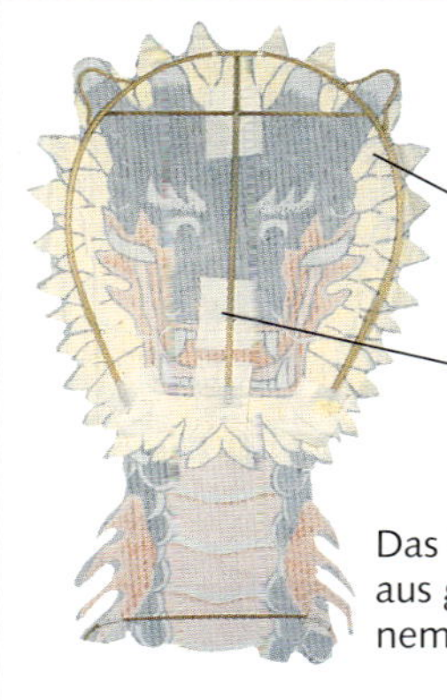


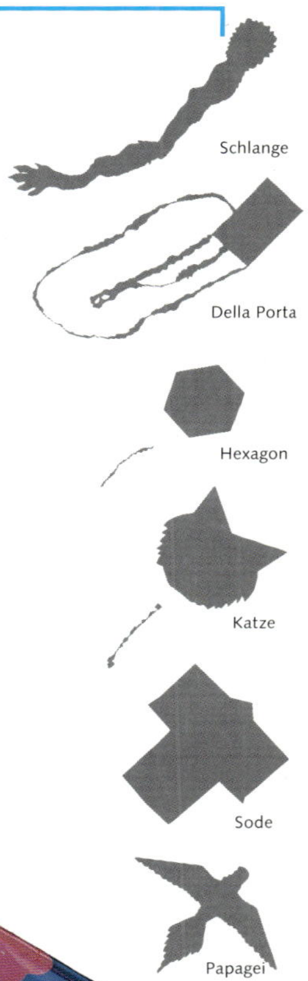


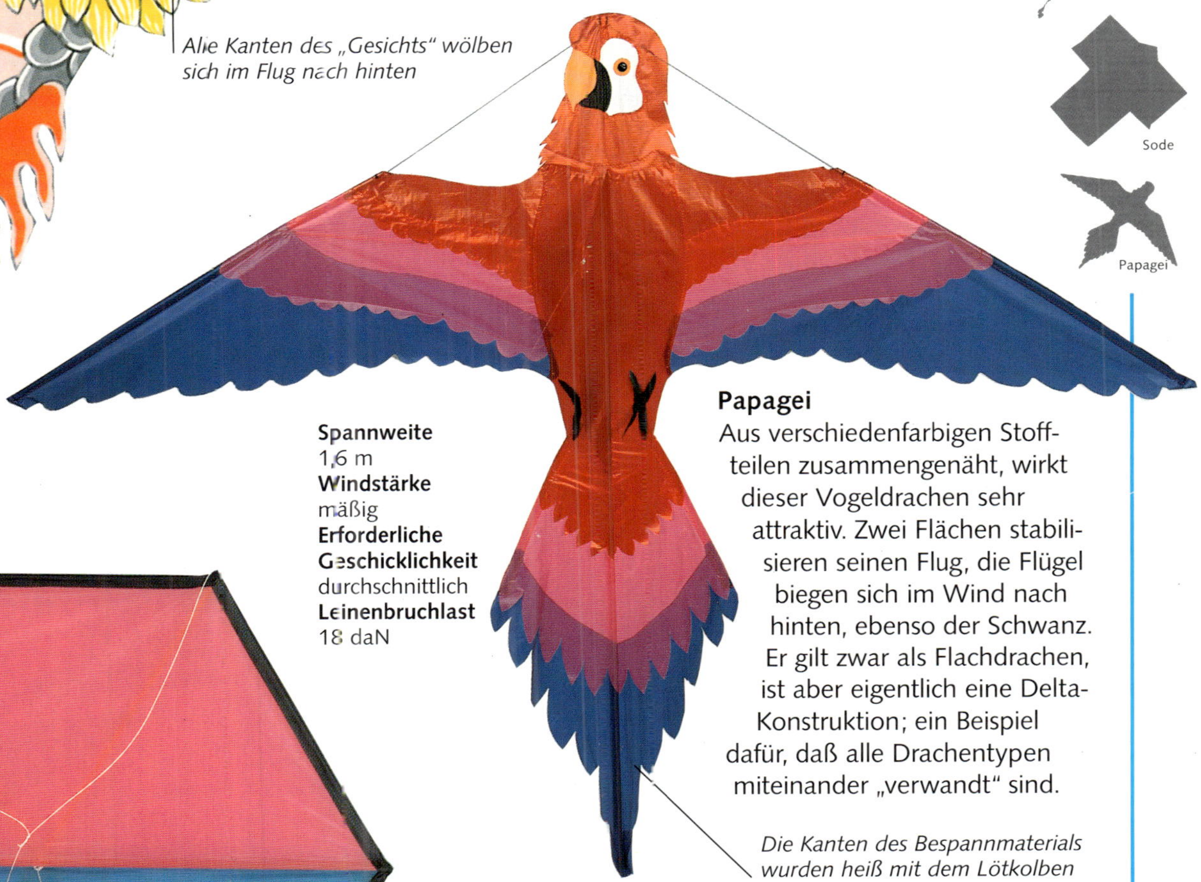

**Spannweite**
1,6 m
**Windstärke**
mäßig
**Erforderliche Geschicklichkeit**
durchschnittlich
**Leinenbruchlast**
18 daN

### Papagei

Aus verschiedenfarbigen Stoffteilen zusammengenäht, wirkt dieser Vogeldrachen sehr attraktiv. Zwei Flächen stabilisieren seinen Flug, die Flügel biegen sich im Wind nach hinten, ebenso der Schwanz. Er gilt zwar als Flachdrachen, ist aber eigentlich eine Delta-Konstruktion; ein Beispiel dafür, daß alle Drachentypen miteinander „verwandt" sind.

*Die Kanten des Bespannmaterials wurden heiß mit dem Lötkolben geschnitten, können also durch das Anschmelzen nicht ausfransen*

### Hexagon

In der Grundkonstruktion gleicht der Hexagonaldrachen dem Della Porta, hat aber eine Querverstrebung mehr und eine größere Oberfläche. Er hat eine dreischenklige Waage und einen Schwanz, der an einer Verbindungsschnur zwischen den hinteren Ecken befestigt ist. Der Schwanz steuert den Drachen wieder gegen den Wind, wenn er seitlich auswandert.

**Größe**
75 cm Durchmesser
**Windstärke**
mäßig bis stark
**Erforderliche Geschicklichkeit**
Anfänger bis durchschnittlich
**Leinenbruchlast**
25 daN

### Katze

Dieser Katzenkopf ist eine auffallende Variation des Hexagondrachens. Die orangefarbenen Augen sind aufgenäht, Nase, Maul und Schnurrhaare aufgemalt.

**Größe**
1 m, quer gemessen
**Windstärke**
leicht bis mäßig
**Erforderliche Geschicklichkeit**
durchschnittlich
**Leinenbruchlast**
27 daN

# Gewölbt und V-förmig

Durch die Schrägstellung bzw. Wölbung der Oberfläche im Wind ist bei diesen Drachen die Stabilität sozusagen mit „eingebaut"; auf die stabilisierende Wirkung eines Schwanzes kann daher verzichtet werden. Die gewölbte Form erreicht man entweder durch Biegen des Querholms oder durch Verwendung eines abgewinkelten Mittelverbinders, in den die Querstäbe eingesteckt werden. Dadurch wird die Drachenoberfläche in zwei Hälften geteilt. Dreht sich der Drachen nach einer Seite, so erhöht sich automatisch die Widerstandsfläche auf der anderen, so daß der Drachen wieder in die Ausgangsposition zurückgestellt wird.

**Diamant**
Auch als Malaiendrachen oder gewölbter Eddy bekannt, verkörpert er nicht nur die klassische Drachenform, sondern ist zugleich eines der heute populärsten Drachenmodelle. Um ihm Stabilität zu geben, wird er meist gewölbt oder mit einem gewinkelten Mittelverbinder geflogen. Man kann ihn aber auch als Flachdrachen mit langem Schwanz fliegen.

**Spannweite**
80 cm
**Windstärke**
leicht bis mäßig
**Erforderliche Geschicklichkeit**
Anfänger
**Leinenbruchlast**
12 daN

*Eine komplizierte sechsschenklige Waage dient zur Einstellung der Fluglage*

**Rokkaku**
Dieser traditionelle japanische Drachen fliegt aufgrund seiner beiden gewölbten Querstäbe sehr stabil, so daß man sich kaum um ihn kümmern muß, wenn er am Himmel steht. Ein mittlerweile sehr beliebter Kampfdrachen, der weltweit auf vielen Wettkämpfen zu sehen ist.

**Größe**
1,6 x 2 m
**Windstärke**
mäßig
**Erforderliche Geschicklichkeit**
Anfänger bis geübt
**Leinenbruchlast**
90 daN

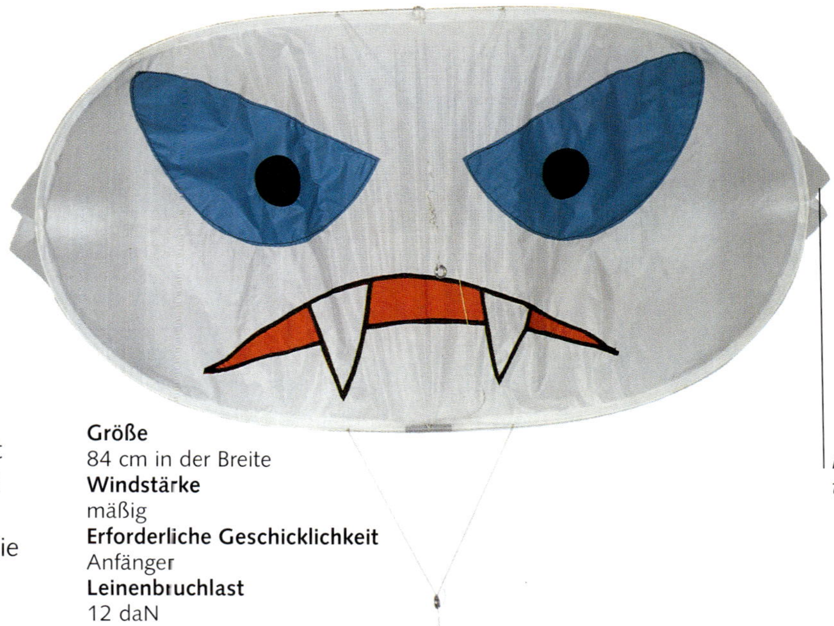

*Lufttasche*

**Yakko**
Ein traditioneller japanischer Drachen, hier aus modernen Materialien angefertigt. Er hat ein aufgenähtes Gesicht aus Spinnakernylon, sein Gerüst ist ein Glasfiberring. Im Flug biegt der Wind dieses Oval unten zurück und weht auch durch die seitlichen Lufttaschen, so daß sich der Drachen wölbt.

**Größe**
84 cm in der Breite
**Windstärke**
mäßig
**Erforderliche Geschicklichkeit**
Anfänger
**Leinenbruchlast**
12 daN

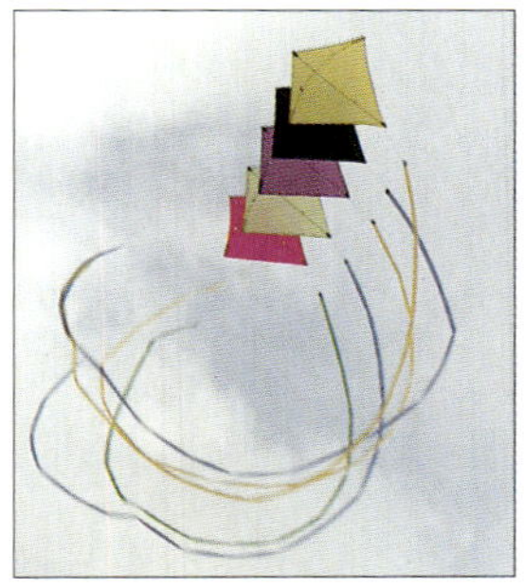

**Ein Gespann gewölbter Lenkdrachen**
Den Drehungen dieses Gespanns mit Zweileinensteuerung folgend, ziehen die Schwänze ihre Spuren über den Himmel.

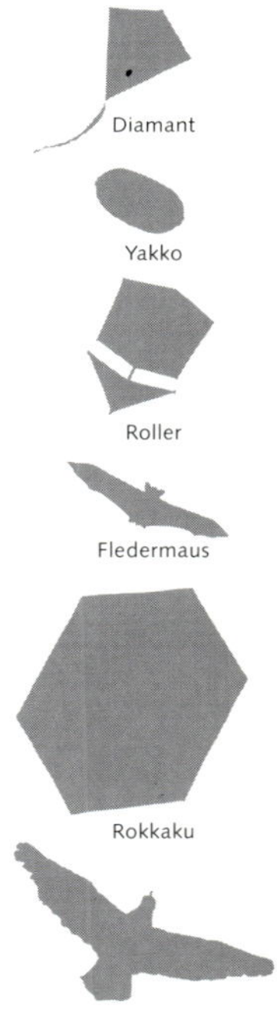

**Fledermaus**
Durch die große Spannweite der Flügel und deren gebogte Unterkante fliegt dieser Fledermaus-Drachen sehr gut. In seiner Konstruktion ähnelt er dem Papagei (s. Seite 19), wird aber durch den gewinkelten Mittelverbinder und einen schmalen Kiel stabilisiert. Im Flug gleitet der Drachen hoch auf dem Wind, wie ein Delta.

**Spannweite**
1,5 m
**Windstärke**
leicht
**Erforderliche Geschicklichkeit**
durchschnittlich
**Leinenbruchlast**
9 daN

*Die farbigen Verzierungen sind Applikationen*

*Die Flügel erhalten ihre gewölbte Form durch zwei eingeschobene Stäbe aus faserverstärktem Kunststoff*

**Weißkopfadler**
Diesen Drachen mit seinen dreidimensionalen Flügeln könnte man fast für einen echten Vogel halten, wenn er über einem fliegt. Die raffinierten, doppelt genähten Flügel werden durch den Luftstrom aufgebläht, der von dem an der Unterseite befindlichen Kiel aufgestaut wird.

*Der Schwanz wird durch einen dünnen faserverstärkten Kunststoffstab gespreizt*

**Flügelspannweite**
2,5 m
**Windstärke**
leicht bis mäßig
**Erforderliche Geschicklichkeit**
durchschnittlich
**Leinenbruchlast**
18 daN

**Roller**
Der in seiner Form dem Rokkaku ähnliche Roller mit seinen zwei Tragflächen fliegt ausgezeichnet bei leichtem Wind. Zur Stabilisierung stecken beide Querholme in gewinkelten Mittelverbindern. Zwischen den Flächen, die beide einen Kiel haben, kann die Luft durchstreichen.

**Größe**
1 x 1,2 m
**Windstärke**
leicht bis mäßig
**Erforderliche Geschicklichkeit**
durchschnittlich
**Leinenbruchlast**
27 daN

# KAMPFDRACHEN

Die in aller Welt seit vielen hundert Jahren geflogenen Kampfdrachen sind überaus beweglich und manövrierfähig. In Indien ist das Fliegen von Kampfdrachen weit verbreitet. Bei Festivals läßt man die Drachen oft von den flachen Hausdächern aus steigen, und manchmal sind die Piloten derart davon in Anspruch genommen, die Leinen der gegnerischen Drachen zu treffen und zu zerschneiden, daß es nicht selten zu tödlichen Stürzen kommt. Grundsätzlich ist der „Fighter" ein Flachdrachen, doch bei genügend Winddruck wölbt er sich. Dadurch wird er stabilisiert und fliegt in der eingeschlagenen Richtung geradeaus weiter. Soll er die Richtung ändern, muß die Leine nachgelassen werden; er wird wieder flach und beginnt zu drehen. Dann muß die Leine wieder gestrafft werden. Das Fliegen von Kampfdrachen erfordert zwar Geschicklichkeit, bereitet aber auch dem Anfänger viel Spaß.

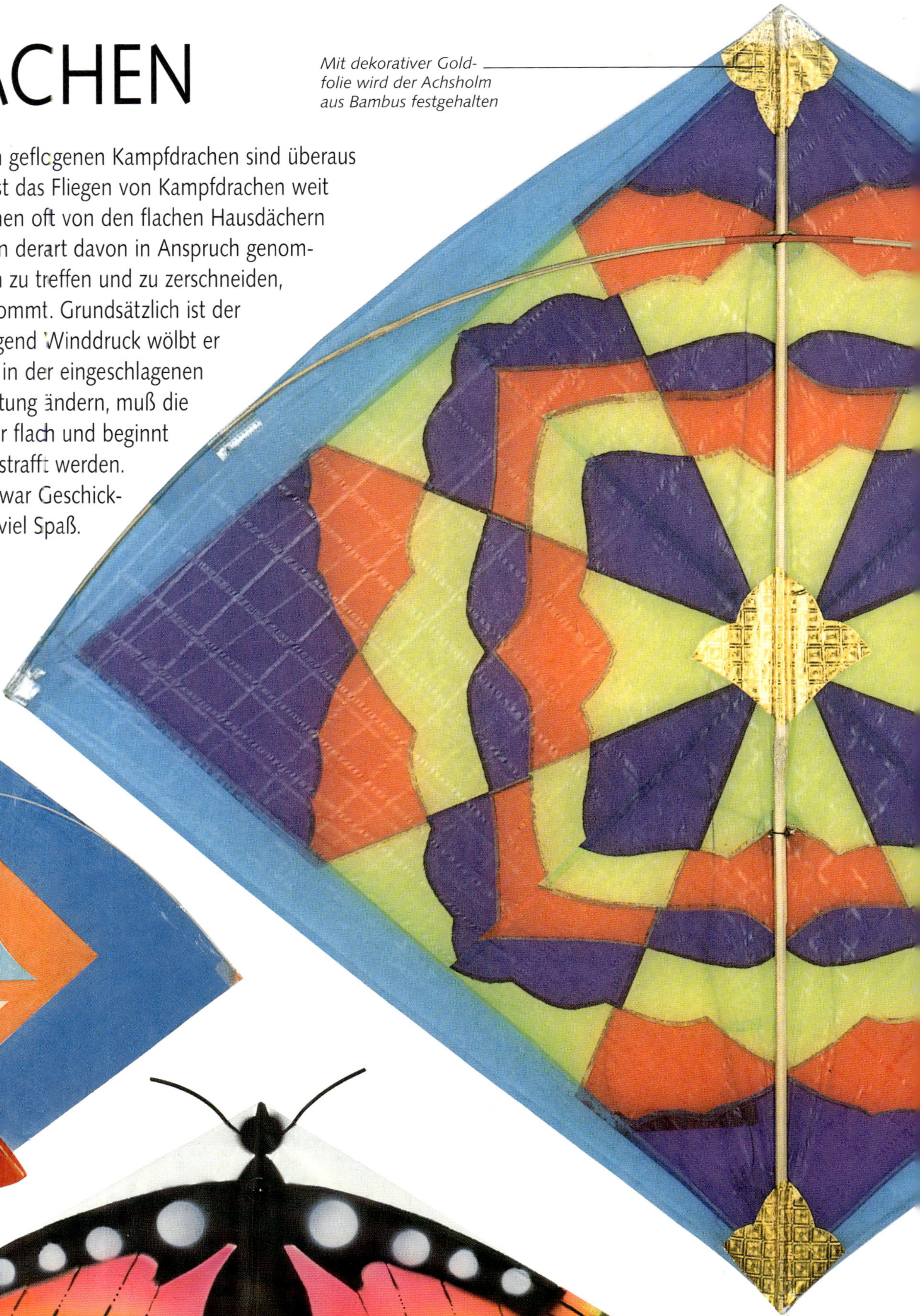

*Mit dekorativer Goldfolie wird der Achsholm aus Bambus festgehalten*

*Eine Papierquaste ist der Schwanz*

**Grandmaster**
Diese moderne Variante des indischen Kampfdrachens wird in zwei Ausführungen, für Anfänger und Fortgeschrittene, angeboten. Der robuste Drachen aus Mylar hat einen gebogenen Bug aus faserverstärktem Kunststoffrohr, einen Achsholm aus Bambus.

**Spannweite**
70 cm
**Windstärke**
leicht bis mäßig
**Erforderliche Geschicklichkeit**
Anfänger bis durchschnittlich
**Leinenbruchlast**
7 daN

**Schmetterling**
Auch er basiert auf dem indischen Kampfdrachen, doch wurde seine äußere Form ein wenig der Natur angeglichen. Seine Oberfläche besteht aus weißer Polyesterfolie, auf die mit Hilfe von Schablonen die Farbmuster aufgespritzt wurden. Der Achsholm ist aus Bambus, der Bugstab aus faserverstärktem Kunststoff. Der Schmetterling („Butterfly") ist etwas kleiner als der Grandmaster.

**Spannweite**
63 cm
**Windstärke**
leicht bis mäßig
**Erforderliche Geschicklichkeit**
Anfänger bis durchschnittlich
**Leinenbruchlast**
7 daN

*Der blaue Untergrund unter den applizierten Seidenpapier-Zuschnitten wird jeweils weggeschnitten*

*Zu den Enden hin verjüngter Bugstab aus Bambus*

## Butterfighter

Dieser robuste, angriffsstarke Kampfschmetterling gehört zur Klasse der langsameren, größeren Kampfdrachen, und es macht großen Spaß, ihn zu fliegen. Die Form eines stilisierten Schmetterlings wurde aus Spinnakernylon aufgenäht. Der gebogene Bug besteht aus drei Glasfaserstab-Stücken, so daß er für den Transport leicht zerlegt werden kann.

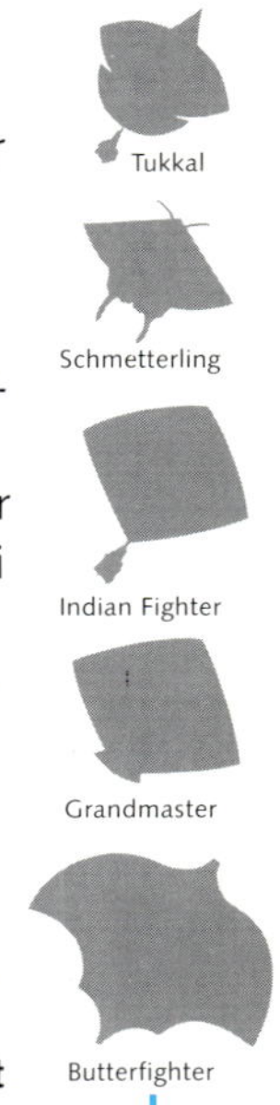


**Spannweite**
97 cm
**Windstärke**
leicht bis mäßig
**Erforderliche Geschicklichkeit**
Anfänger bis durchschnittlich
**Leinenbruchlast**
25 daN

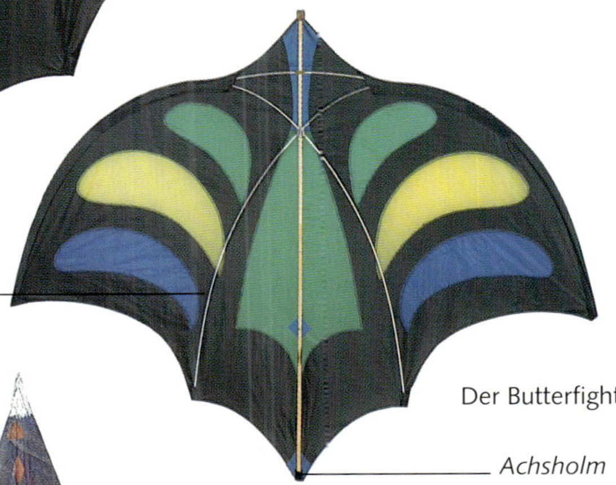

*Bugstäbe aus glasfaserverstärktem Kunststoff*

Der Butterfighter von unten

*Achsholm*

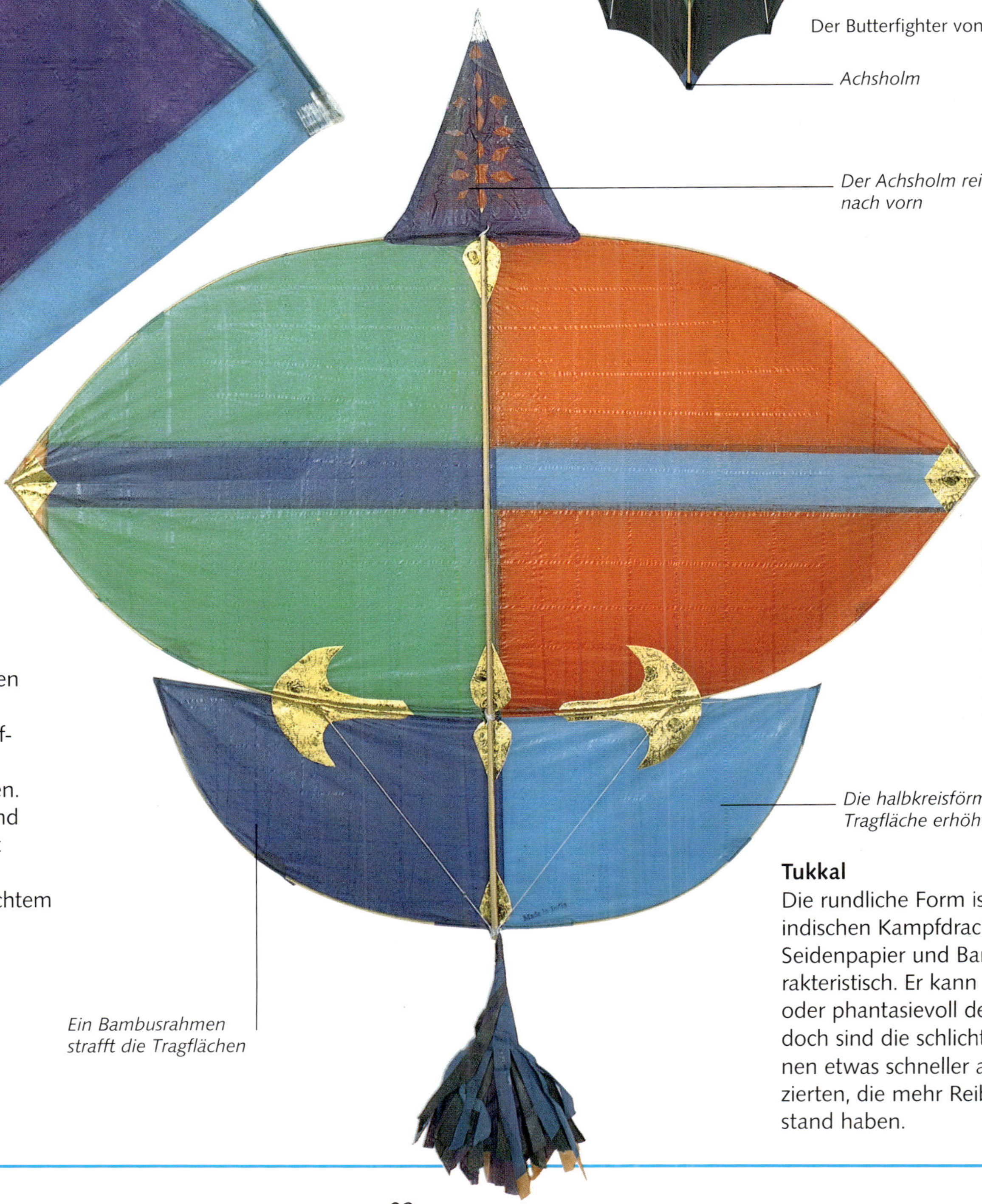

*Der Achsholm reicht bis nach vorn*

**Spannweite**
56 cm
**Windstärke**
leicht bis mäßig
**Erforderliche Geschicklichkeit**
Anfänger bis fortgeschritten
**Leinenbruchlast**
7 daN

*Die halbkreisförmige hintere Tragfläche erhöht die Stabilität*

*Ein Bambusrahmen strafft die Tragflächen*

## Indian Fighter

Dieser traditionelle, am weitesten verbreitete Kampfdrachen wird entweder einfarbig oder mit aufwendigen Applikationen aus buntem Seidenpapier angeboten. Da diese Drachen sehr leicht und empfindlich sind, muß man mit ihnen sehr sorgfältig umgehen, besonders bei kaltem oder feuchtem Wetter und bei der Landung.

**Spannweite**
70 cm
**Windstärke**
sehr leicht bis mäßig
**Erforderliche Geschicklichkeit**
Anfänger bis fortgeschritten
**Leinenbruchlast**
7 daN

## Tukkal

Die rundliche Form ist für diesen indischen Kampfdrachen aus Seidenpapier und Bambus charakteristisch. Er kann schmucklos oder phantasievoll dekoriert sein, doch sind die schlichten Versionen etwas schneller als die verzierten, die mehr Reibungswiderstand haben.

# KASTENDRACHEN

Seine vielen tragenden Flächen machen den Kastendrachen sehr stabil und viel windverträglicher als andere Drachen. Mit seiner Erfindung gegen Ende des letzten Jahrhunderts wurde ein entscheidender Schritt nach vorn in der Drachenkonstruktion eingeleitet. Kastendrachen wurden bei der Entwicklung der Doppeldeckerflugzeuge, für Wetterbeobachtungen und zum Schutz der Schiffahrt im Zweiten Weltkrieg eingesetzt, ja sogar für den bemannten Drachenflug.

In den letzten Jahren sind immer kompliziertere Kastendrachen entworfen worden, doch selbst die raffiniertesten Konstruktionen unter diesen Himmelskunstwerken lassen sich auf den klassischen Kastendrachen mit zwei Zellen zurückführen.

**Geometric Box**
Ein Tri-D-Peter-Lynn-Kastendrachen mit angehängten Windsäcken im Flug.

**Classic Box**
Dieser Prototyp für fast alle anderen Kastendrachen besteht aus zwei übereinander angeordneten rechteckigen Zellen. Er fliegt bei fast allen Windstärken stabil und wird von zwei Waageleinen gehalten.

**Größe**
38 x 100 m
**Windstärke**
mäßig bis stark
**Erforderliche Geschicklichkeit**
Anfänger
**Leinenbruchlast**
12 daN

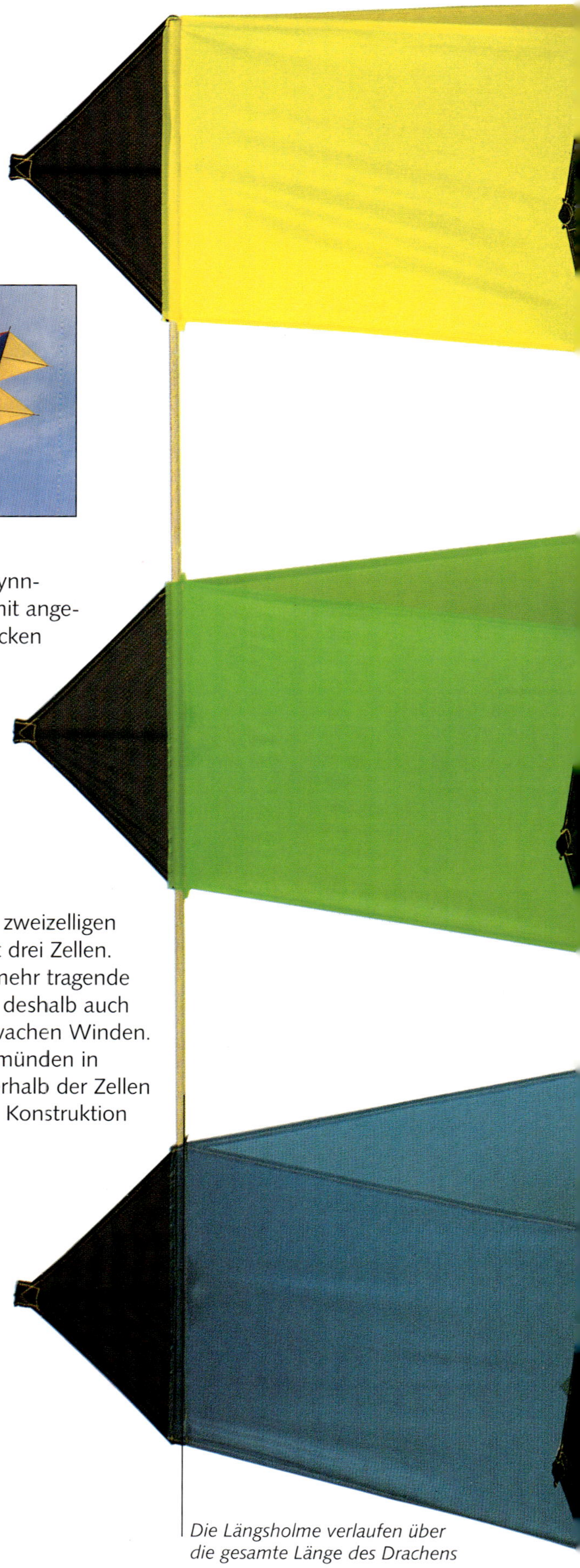

*Die Längsholme verlaufen über die gesamte Länge des Drachens*

**Rhomboid**
Die Variante des zweizelligen Standardtyps hat drei Zellen. Damit bietet er mehr tragende Fläche und fliegt deshalb auch gut bei sehr schwachen Winden. Die Querholme münden in kleine Kiele außerhalb der Zellen und spannen die Konstruktion gleichmäßig.

**Größe**
1,1 x 1,4 m
**Windstärke**
leicht bis stark
**Erforderliche Geschicklichkeit**
durchschnittlich
**Leinenbruchlast**
25 daN

**Cody**
Die stabile Box mit dem ästhetischen Charme eines „Oldtimers" wurde Anfang dieses Jahrhunderts entworfen und gebaut. Als manntragender Drachen wurde er von der britischen Armee zu Aufklärungszwecken eingesetzt. Auch heute ist er noch sehr beliebt.

**Flügelspannweite**
1,2 m
**Windstärke**
mäßig
**Erforderliche Geschicklichkeit**
durchschnittlich
**Leinenbruchlast**
27 daN

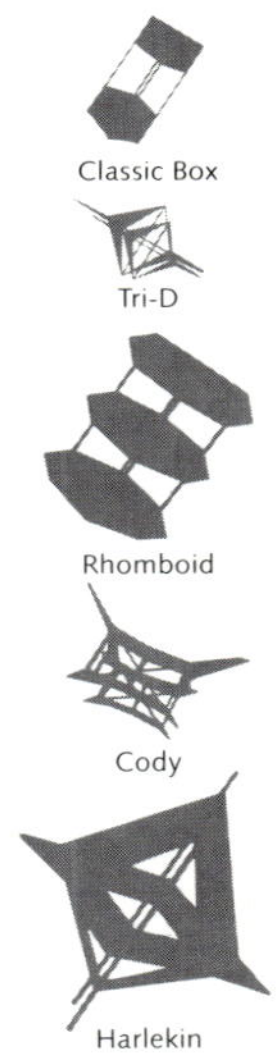

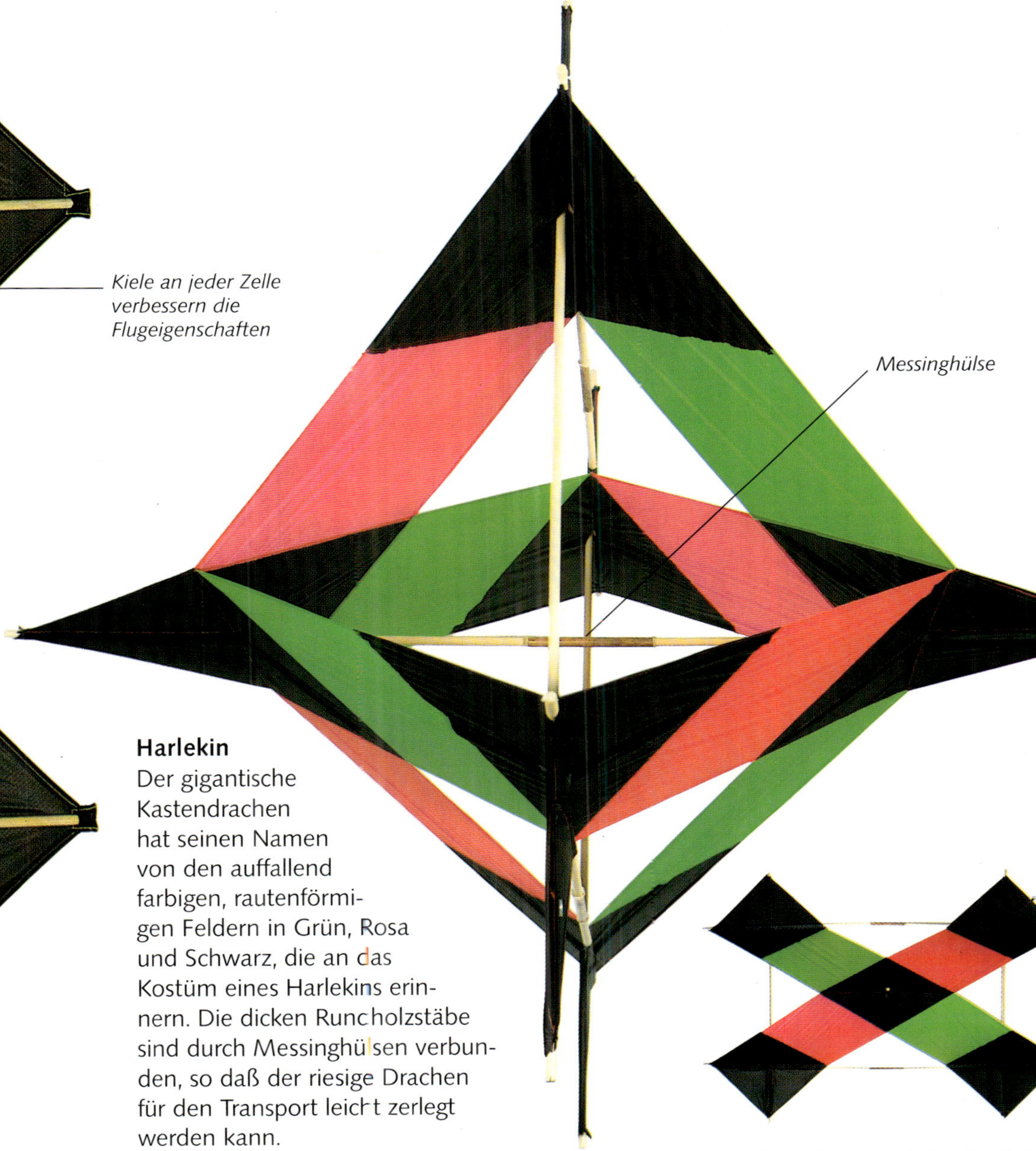


**Harlekin**
Der gigantische Kastendrachen hat seinen Namen von den auffallend farbigen, rautenförmigen Feldern in Grün, Rosa und Schwarz, die an das Kostüm eines Harlekins erinnern. Die dicken Rundholzstäbe sind durch Messinghülsen verbunden, so daß der riesige Drachen für den Transport leicht zerlegt werden kann.

**Spannweite**
1,7 m
**Windstärke**
leicht bis mäßig
**Erforderliche Geschicklichkeit**
durchschnittlich
**Leinenbruchlast**
50 daN

Von der Seite sehen die beiden Zellen des Harlekins wie zwei ineinanderlaufende Vs aus

**Tri-D Peter Lynn**
Er sieht zwar ganz anders aus, ist aber dennoch nur eine Variante des zweizelligen Kastendrachens, mit einem Flügelpaar an jeder Zelle. Wichtigste Veränderung ist die Einpunktwaage an der vorderen Zelle, wodurch sich die hintere Zelle bei böigem Wind selbst richtig einstellen kann; sie reitet sozusagen auf der Böe.

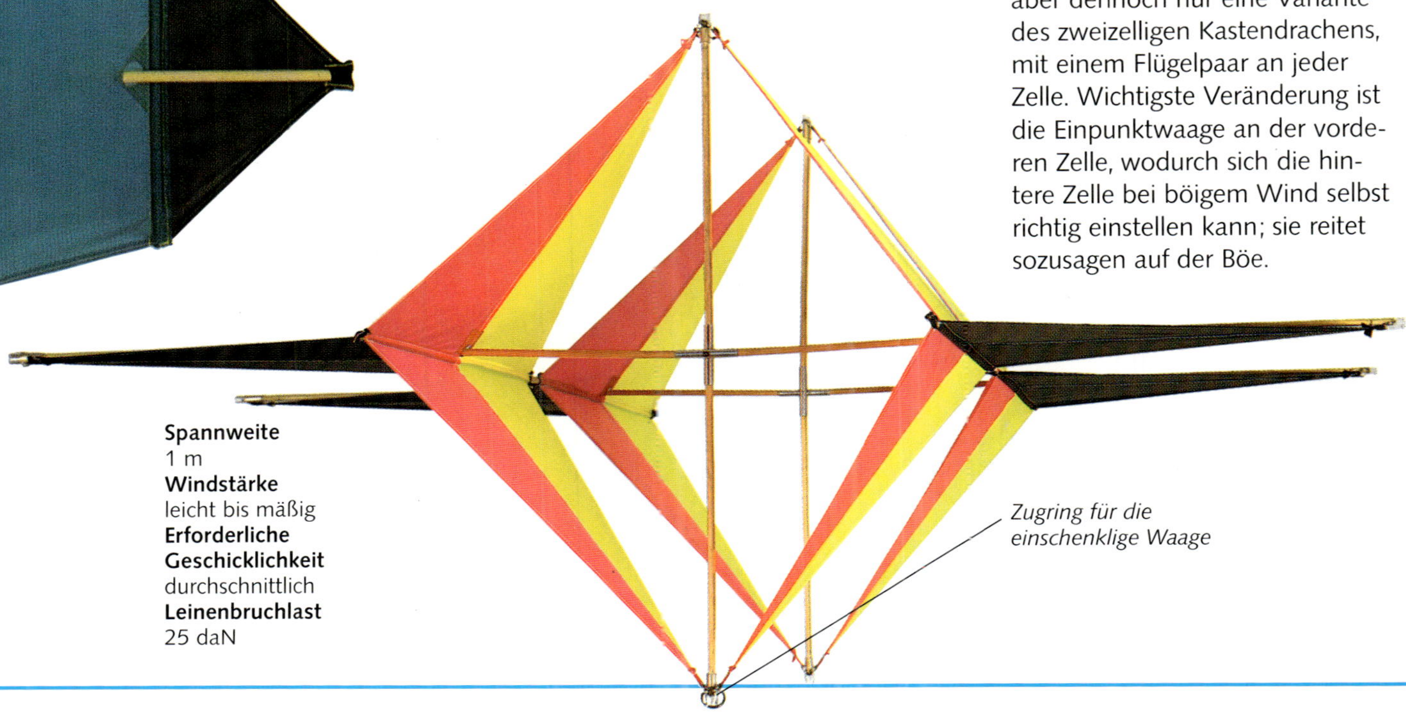


**Spannweite**
1 m
**Windstärke**
leicht bis mäßig
**Erforderliche Geschicklichkeit**
durchschnittlich
**Leinenbruchlast**
25 daN

# Kasten-drachen

**Professor Waldof Box**
Als einer der ersten modernen, vielzelligen Kastendrachen, wurde der hexagonale „Professor Waldof" von Peter Waldron zum Klassiker. Trotz seiner sehr komplexen Form kann man auch bei ihm das Prinzip des einfachen zweizelligen Kastendrachens noch erkennen.

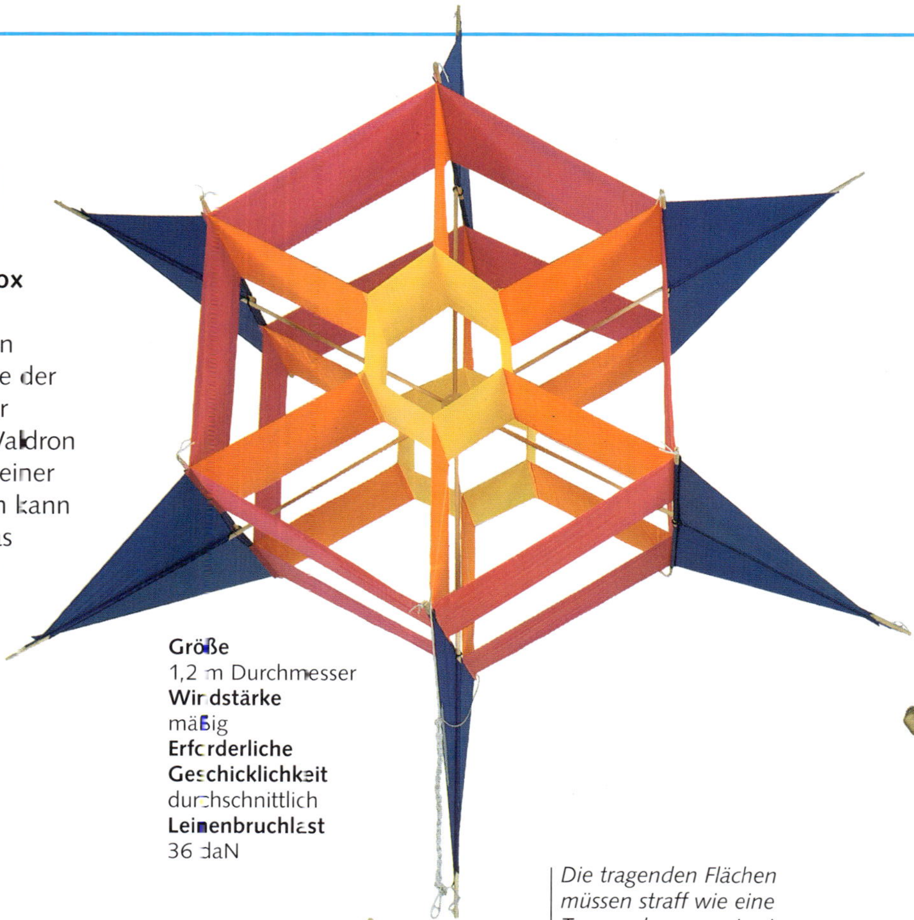

**Größe**
1,2 m Durchmesser
**Windstärke**
mäßig
**Erforderliche Geschicklichkeit**
durchschnittlich
**Leinenbruchlast**
36 daN

*Die Stäbe bilden einen sechseckigen Außenring*

*Viele Dreiecke (entstanden aus diagonal vernähten Rechtecken) in unterschiedlichen Größen bilden die tragenden Flächen*

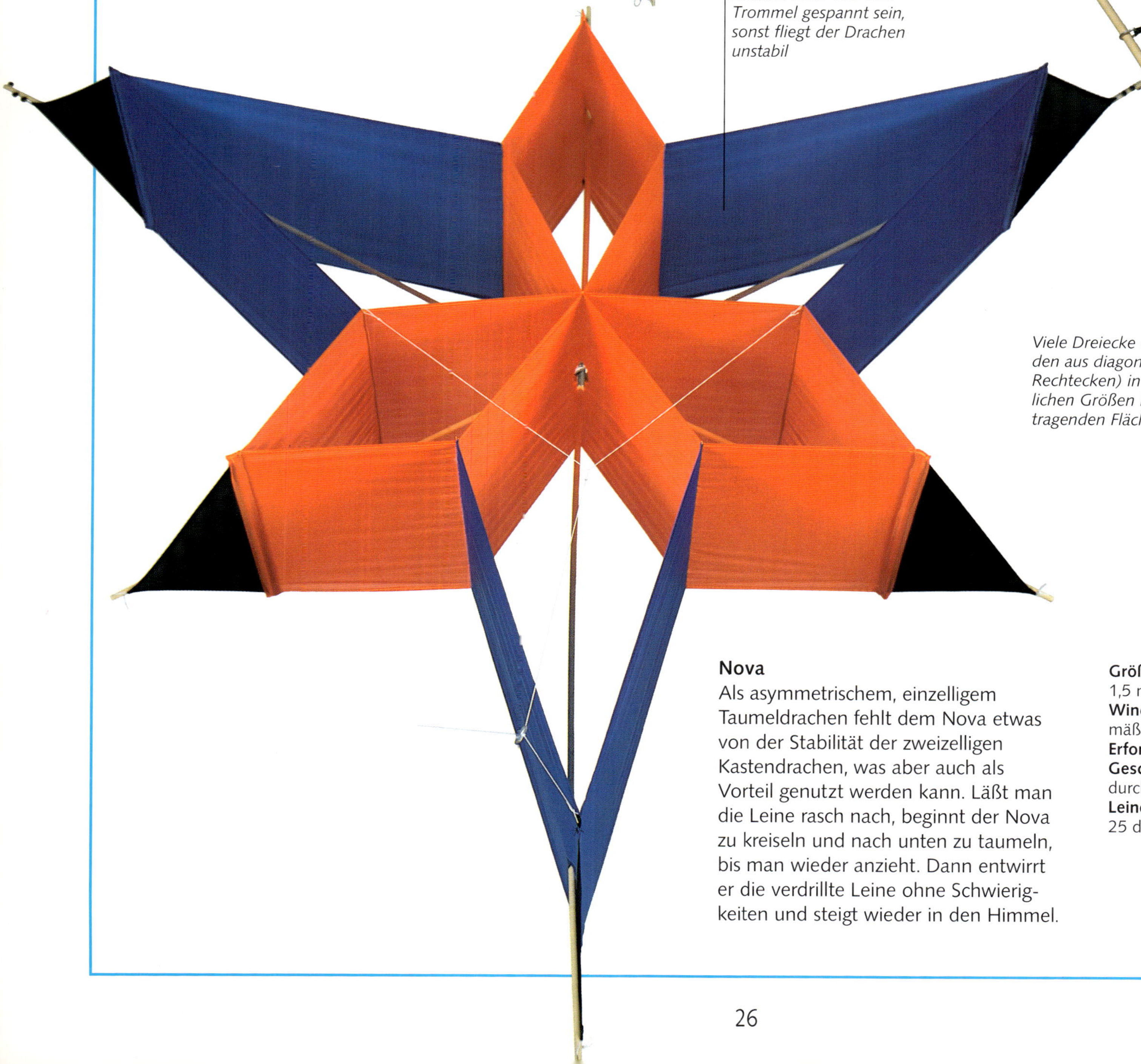

*Die tragenden Flächen müssen straff wie eine Trommel gespannt sein, sonst fliegt der Drachen unstabil*

**Nova**
Als asymmetrischem, einzelligem Taumeldrachen fehlt dem Nova etwas von der Stabilität der zweizelligen Kastendrachen, was aber auch als Vorteil genutzt werden kann. Läßt man die Leine rasch nach, beginnt der Nova zu kreiseln und nach unten zu taumeln, bis man wieder anzieht. Dann entwirrt er die verdrillte Leine ohne Schwierigkeiten und steigt wieder in den Himmel.

**Größe**
1,5 m Durchmesser
**Windstärke**
mäßig
**Erforderliche Geschicklichkeit**
durchschnittlich
**Leinenbruchlast**
25 daN

## Facet

Dieser einzellige Drachen sieht ziemlich kompliziert aus, ist aber in Wirklichkeit eine sehr einfache Konstruktion. Im Gegensatz zum klassischen Kastendrachen ist er außen verstrebt; das Gestänge läuft nicht durch, sondern außen um den Drachen.

**Größe**
1,5 m Durchmesser
**Windstärke**
mäßig
**Erforderliche Geschicklichkeit**
durchschnittlich
**Leinenbruchlast**
50 daN

*Dreischenklige Waage*

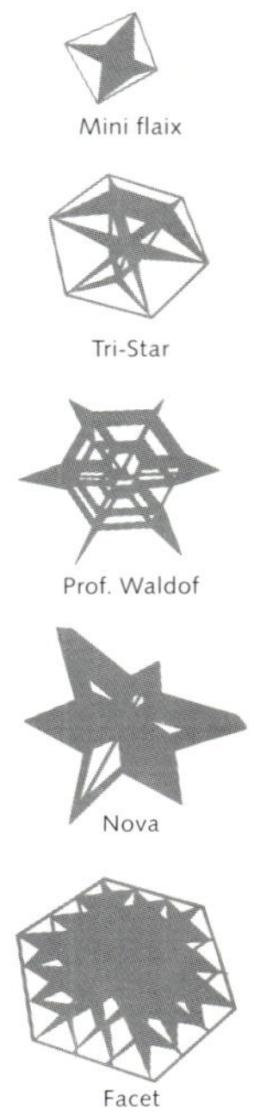

## Mini flaix

Ein einzelliger Kastendrachen mit äußerer Verstrebung. Das Gestänge bildet den rhombusähnlichen Rahmen, in dem sich die sternförmige Segelfläche befindet.

**Größe**
65 cm Durchmesser
**Windstärke**
leicht bis mäßig
**Erforderliche Geschicklichkeit**
Anfänger
**Leinenbruchlast**
12 daN

## Tri-Star

Trotz seiner äußeren Verstrebung ist der Tri-Star eine Variante des klassischen Zweizellers, mit zwei dreieckigen Zellen in der Mitte des Drachens.

**Größe**
1,1 m Durchmesser
**Windstärke**
leicht bis mäßig
**Erforderliche Geschicklichkeit**
durchschnittlich
**Leinenbruchlast**
25 daN

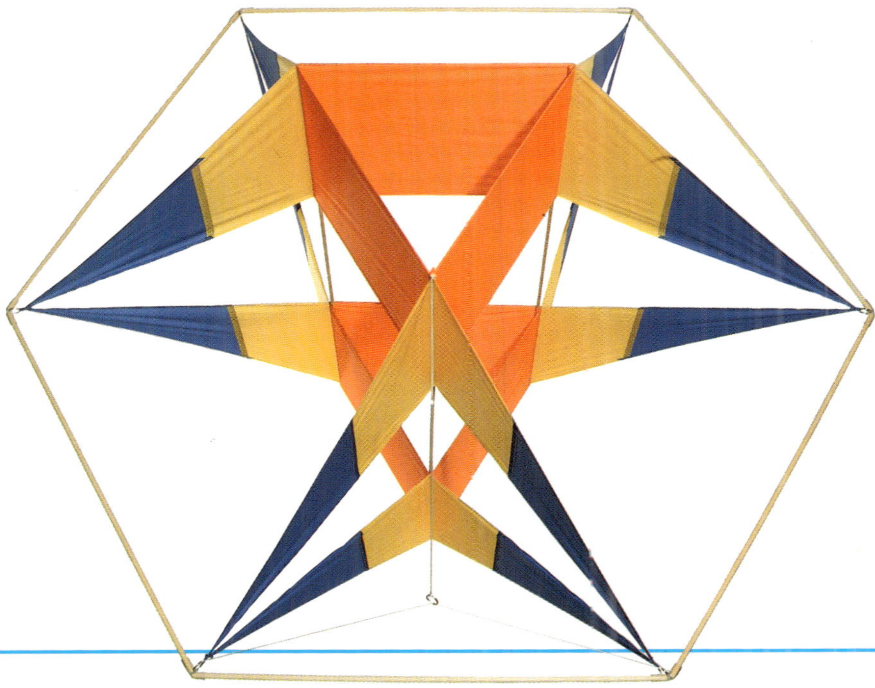

# SCHLITTEN-DRACHEN

Als der erste Schlittendrachen auftauchte, war das eine echte Sensation. Denn im Gegensatz zu den bis dahin üblichen Drachenkonstruktionen wird er nur in Längsrichtung durch Stäbe gestützt, im Flug wird er vom Wind gespreizt. Der klassische Schlitten wurde in den fünfziger Jahren patentiert, und seither gab es nur unwesentliche Änderungen. Wegen seiner einfachen Konstruktion ist er ein sehr beliebter Drachen zum Selberbauen. Er kann aus fast allen leichten Materialien gefertigt werden: Papier, Spinnakernylon, sogar Plastikmüllsäcke sind brauchbar für die tragenden Flächen. Für das Gestänge sind einfache Rundholzstäbe oder sogar Stroh- bzw. andere Trinkhalme zu verwenden. Im Flug ist der Schlitten recht stabil, doch können Querwinde den Drachen zusammendrücken.

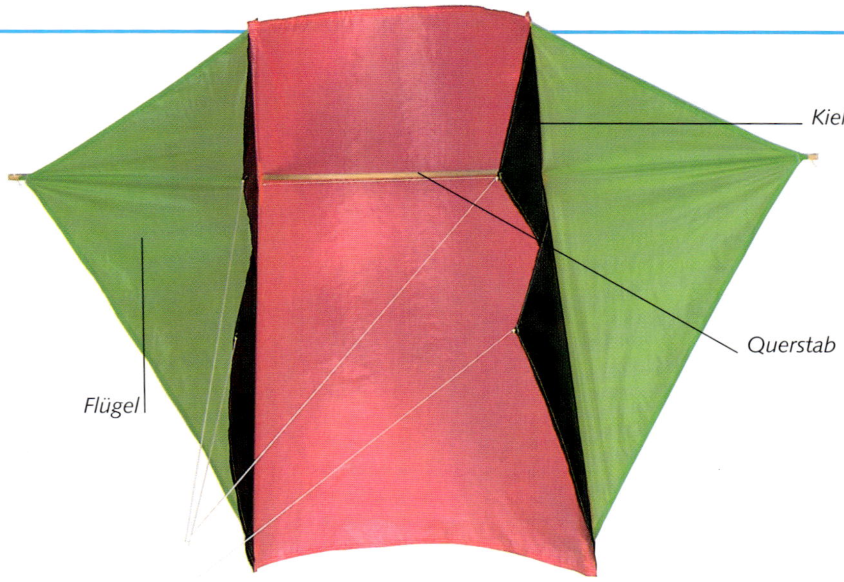


**Winged Sled**
Dieser Drachen hat, außer doppelten Kielen, auf beiden Seiten Flügel und einen durch die Kiele zu den Flügelspitzen führenden Querstab. Der Querstab ist nur so lang, daß er die tragende Fläche nicht straff spannt, sondern ihr eine natürliche Flexibilität erlaubt.

**Spannweite**
1,2 m
**Windstärke**
mäßig
**Erforderliche Geschicklichkeit**
Anfänger bis durchschnittlich
**Leinenbruchlast**
25 daN

**Grauel Sled**
Anfangs hatte dieser Schlittendrachen nur zwei Kiele und keine Aussparungen. Doch dann fand man heraus, daß er stabiler flog, wenn man in die Tragfläche Löcher schnitt. Viele Varianten dieser Aussparungen wurden erprobt: Diese Version von Ed Grauel ist sehr populär.

**Spannweite**
1 m
**Windstärke**
mäßig
**Erforderliche Geschicklichkeit**
Anfänger bis durchschnittlich
**Leinenbruchlast**
25 daN

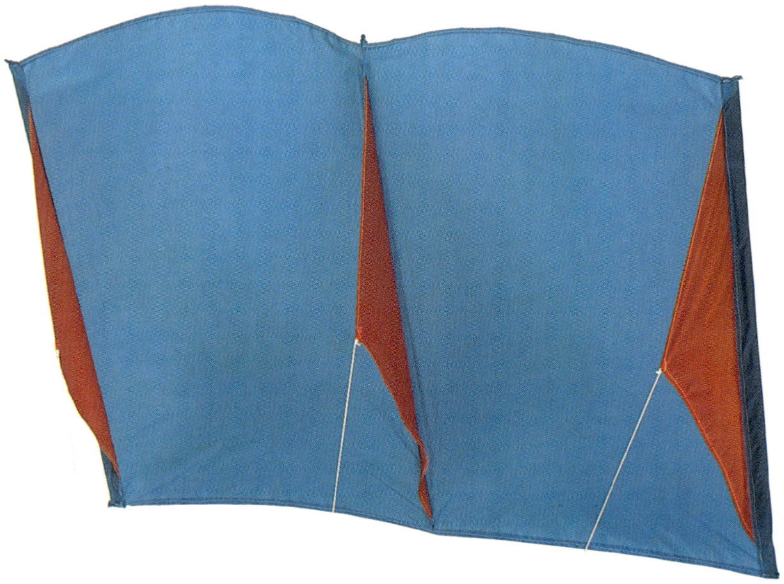

**Double Sled**
Hier wurden zwei Schlitten zu einem Doppelschlitten verbunden, mit einem zusätzlichen Kiel in der Mitte. Das einzige Problem dieser Konstruktion besteht darin, daß bei seitlichen Windströmungen die Kiele nach innen und außen vibrieren und den Drachen wie eine Ziehharmonika aussehen lassen.

**Spannweite**
94 cm
**Windstärke**
mäßig
**Erforderliche Geschicklichkeit**
Anfänger bis durchschnittlich
**Leinenbruchlast**
25 daN

**Soft Sled**
Ein sehr leicht zu transportierender Schlitten, der fast nichts wiegt und praktisch unzerstörbar ist. Statt Stäben hat er auf der Rückseite zwei Röhren, die, vom Wind aufgebläht, die Tragfläche spreizen.

**Spannweite**
50 cm
**Windstärke**
mäßig
**Erforderliche Geschicklichkeit**
Anfänger bis durchschnittlich
**Leinenbruchlast**
25 daN

## Multi Sled

Ein wahrhaft gewaltiger Drachen, mit sieben Zellen und 16 Waageleinen. Die Luftlöcher erhöhen zwar seine Flugstabilität, doch benötigt der Multi-Schlittendrachen zusätzlich noch einen Windsack als Schwanz, um seinen Flug etwas zu bremsen und zu beruhigen.

**Größe**
1,7 x 1 m
**Windstärke**
mäßig bis stark
**Erforderliche Geschicklichkeit**
durchschnittlich bis fortgeschritten
**Leinenbruchlast**
90 – 160 daN

*Die Zellen sind ziemlich schmal gehalten, damit der Drachen bei Seitenwind nicht so leicht das Aussehen einer Ziehharmonika annimmt*

*Runde Luftlöcher verbessern die Flugstabilität*

## Mini Sled

Ein sehr leicht zu fliegender Schlittendrachen. Er hat keine Luftlöcher, doch sind die Unterkanten der Kiele so nach hinten verlängert, daß sie eine Spitze bilden, an der noch ein dünner Schwanz angehängt ist. So kann der Drachen in einem breiten Windstärkenbereich geflogen werden.

**Spannweite**
50 cm
**Windstärke**
leicht bis mäßig
**Erforderliche Geschicklichkeit**
Anfänger
**Leinenbruchlast**
12 daN

# DELTA-DRACHEN

Der graziöse Delta mit seinen großen, biegsamen Flügeln ist sehr leistungsfähig und fliegt auch in leichtesten Winden. Einige Deltas mit sehr leichtem Gestänge können sogar in thermischen Aufwinden ohne eigentliche Windströmung gleiten. Läßt die Thermik nach, windet man die Drachenleine langsam ein und hält den Drachen so in der Luft schwebend, bis der nächste Aufwind gefunden ist. Andere Deltas können in einem breiten Windbereich eingesetzt werden und sogar Kameras tragen.

**Dan Leigh Delta**
Ein Hochleistungs-Delta von Dan Leigh, der selbst bei leichtesten Winden fliegt. Der stromlinienförmige Drachen, dessen Konstruktion auf einem Hängegleiter basiert, hat einen flachen Bug und einen nach hinten gezogenen Kiel. Er hat wenig Luftwiderstand, weil der Querholm fest sitzt und die Tragflächen gespannt hält.

**Spannweite**
2 m
**Windstärke**
leicht
**Erforderliche Geschicklichkeit**
durchschnittlich
**Leinenbruchlast**
27 daN

**Fisch-Delta**
Ein Fisch-Drachen mit attraktiven Applikationen und einem Kiel als Flosse. Von den vorderen Enden der Vorderstäbe zum Bug verändert sich die Pfeilform. Der Schwanz wird durch einen leichten faserverstärkten Kunststoffstab gespreizt, wie bei einem Kampfdrachen.

**Spannweite**
1,6 m
**Windstärke**
leicht bis mäßig
**Erforderliche Geschicklichkeit**
Anfänger bis fortgeschritten
**Leinenbruchlast**
25 daN

**Conyne Delta**
Die Variante eines normalen Deltas hat in der Mitte ein im Querschnitt dreieckiges Kastenteil, das ihm besondere Stabilität verleiht.

**Spannweite**
2,7 m
**Windstärke**
leicht bis mäßig
**Erforderliche Geschicklichkeit**
Anfänger bis durchschnittlich
**Leinenbruchlast**
25 daN

**Spannweite**
1,6 m
**Windstärke**
leicht bis mäßig
**Erforderliche Geschicklichkeit**
durchschnittlich
**Leinenbruchlast**
12 daN

**Bussard**

Der Raubvogel ist eine Delta-Variante mit gewinkelten Vorderkanten. Die dahinterliegenden Tragflächen wurden stark beschnitten. Der zweigeteilte Querstab hat einen am Achsholm befestigten Mittelverbinder. Der Kiel an der Unterseite verbessert die Flugstabilität.

**Spannweite**
3,7 m
**Windstärke**
leicht bis mäßig
**Erforderliche Geschicklichkeit**
durchschnittlich
**Leinenbruchlast**
90 daN

**Mega Delta**

Ein Standard-Delta mit 90°-Pfeilform, Achsholm, zwei Vorderstäben und einem Querstab, der sie gespreizt hält. Jedoch nur so stark, daß die Bespannung nicht straff gespannt wird; so kann der Wind die Tragflächen V-förmig zurückwölben, was dem Drachen sehr große Flugstabilität verleiht.

**Delta mit Fransen**

Dieser bei Kindern sehr beliebte Delta ist sehr leicht zu fliegen und für Anfänger ideal. Die Fransen in der Hinterkante und der dreieckige Kiel verbessern die Flugstabilität.

**Spannweite**
1 m
**Windstärke**
leicht
**Erforderliche Geschicklichkeit**
Anfänger
**Leinenbruchlast**
25 daN

# Stablose Drachen

Die meisten stablosen Drachen sind Abkömmlinge des in den 60er Jahren erfundenen Parafoils, der sich grundsätzlich von allen anderen Drachen dadurch unterscheidet, daß er überhaupt kein Gestänge besitzt und nur vom Wind in Form gehalten wird. Stablose Drachen entwickeln starke Hubkräfte und werden deshalb zum Tragen von Kameras, Radios, Wetterbeobachtungsinstrumenten und sogar Menschen verwendet.

**Spannweite**
3,5 m
**Windstärke**
mäßig
**Erforderliche Geschicklichkeit**
fortgeschritten
**Leinenbruchlast**
90 daN

**Snoopy Stunter**
Dieser recht komplizierte Kunstflieger des Düsseldorfers Rolf Sturm besteht aus zwei Parafoil-Hälften, für jede Tragfläche eine, und einem Rumpf in der Mitte. Dieser Lenkparafoil ist für alle Flugmanöver geeignet und als Himmelsschauspiel unübertroffen.

**Langsam, doch spektakulär**
Mit seinen langsamen Manövern am Himmel ist der Snoopy Stunter dennoch gut steuerbar und ein wunderschöner Drachen zum Vorzeigen.

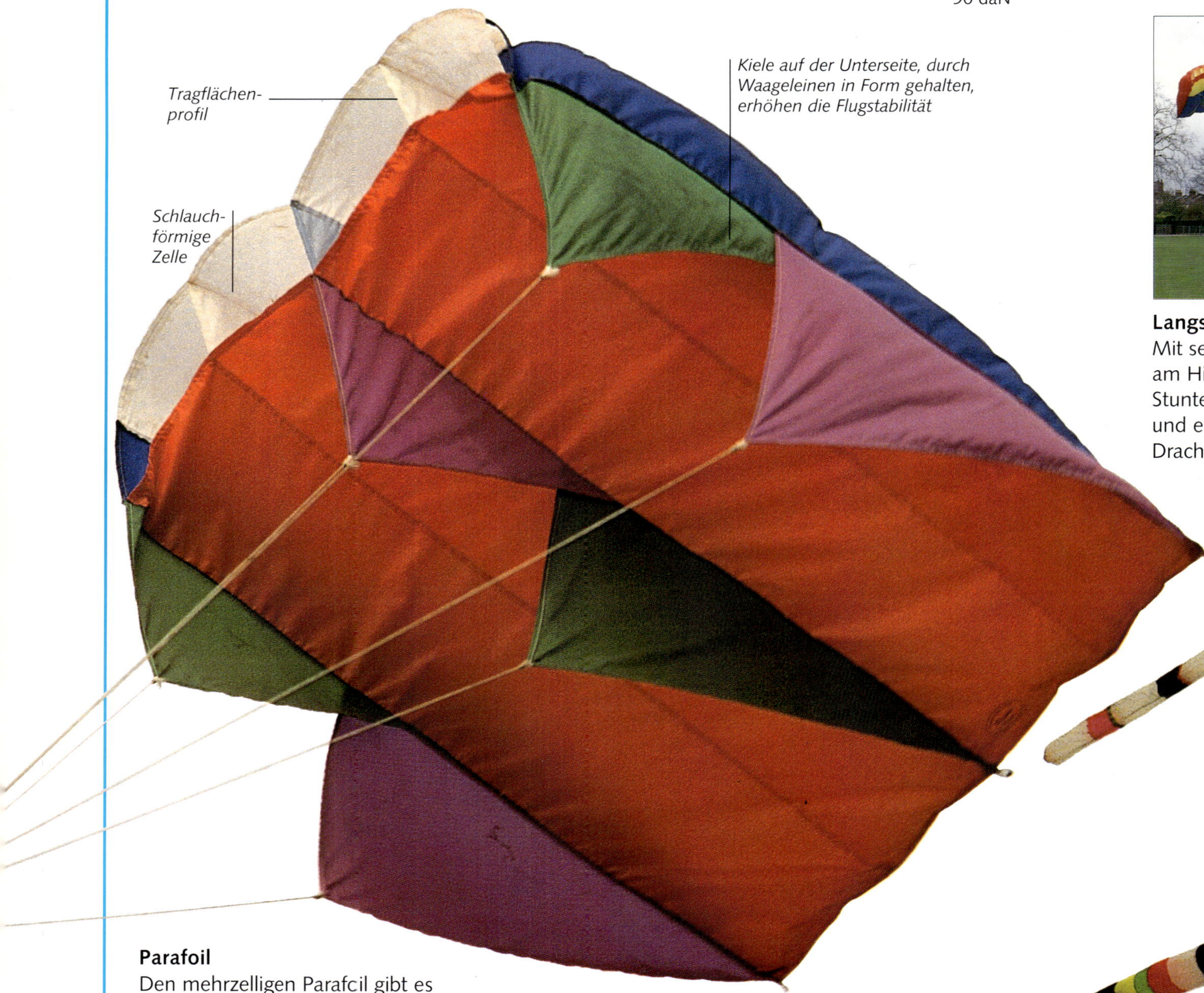


**Parafoil**
Den mehrzelligen Parafoil gibt es in den unterschiedlichsten Größen: die kleinsten hält man in der Hand, die größten kann nur ein Lastwagen festhalten. Die Zahl der Zellen und Kiele variiert; je größer der Drachen, um so höher die Anzahl von Zellen und Kielen.

**Größe dieses Modells**
60 x 90 cm
**Windstärke**
mäßig bis stark
**Erforderliche Geschicklichkeit**
Anfänger
**Leinenbruchlast**
25 daN

## Flowform

Die Profilhöhe ist größer als beim normalen Parafoil. Er hat nur drei Zellen, wodurch die Waage sehr vereinfacht wird. Der Flowform zieht weniger kräftig als der Parafoil, weil seine Hinterkante nicht quer zum Wind gespannt ist, sondern zipfelförmig verläuft.

**Spannweite**
1,75 x 2 m
**Windstärke**
leicht bis mäßig
**Erforderliche Geschicklichkeit**
durchschnittlich
**Leinenbruchlast**
50 daN

*Durch die offene Vorderkante kann der Wind im Flug den Drachen aufblähen*

*V-förmige Hinterkante*

## Octopus

Mit seinen acht röhrenförmigen Windsack-Tentakeln und den fluoreszierenden Riesenaugen bietet der von Peter Lynn entwickelte Octopus am Himmel einen sensationellen Anblick. Besonders dann, wenn es sich um ein Riesenexemplar handelt, das nur von mehreren Personen in die Luft gebracht werden kann. Sein Rumpf wird, wie bei den anderen stablosen Drachen, vom Wind aufgebläht.

**Größe**
7 m lang
**Windstärke**
mittelschwach bis mäßig
**Erforderliche Geschicklichkeit**
fortgeschritten
**Leinenbruchlast**
100 daN

**Größe**
10 m lang
**Windstärke**
leicht bis mäßig
**Erforderliche Geschicklichkeit**
fortgeschritten
**Leinenbruchlast**
200 daN

## Kicking Legs

Eine originelle Variante des Flowform, mit zwei Fußballerbeinen in Windsackform am Hinterende. Sie sind so genäht, daß sie sich in den Knien abwinkeln und in die Luft kicken können.

# LENKDRACHEN

Seit es zweileinengesteuerte Drachen gibt, hat diese – Geschick und Kreativität erfordernde – Erweiterung des Drachenfliegens immer mehr Freunde gefunden. Der Peter Powell Stunter ist immer noch ein Klassiker, doch die Einführung der deltaförmigen Lenkdrachen hat den Kunstflug als Wettbewerbssport erst richtig populär gemacht. Zweileinen-Lenkdrachen werden durch Zug an einer Leine nach rechts oder links gesteuert. Neuerdings gibt es auch vierleinengesteuerte Lenkdrachen, bei denen man auch den Anstellwinkel des Drachens verändern kann, wodurch sowohl Geschwindigkeit als auch Flugrichtung steuerbar sind. Die Konstruktion des Drachens bestimmt die Leistung: entweder hohe Manövrierfähigkeit oder hohe Geschwindigkeit. Sehr beweglich sind sie aber alle, um möglichst spektakuläre Kunstflugfiguren am Himmel ausführen zu können.

Drei Peter-Powell-Drachen im Gespann

**Spannweite**
1,2 m
**Windgeschwindigkeit**
mäßig bis stark
**Erforderliche Geschicklichkeit**
Anfänger bis durchschnittlich
**Leinenbruchlast**
18 daN

**Peter Powell Stunter**
Dies war der erste international geflogene Lenkdrachen. In den 70er Jahren in England von Peter Powell konstruiert, brachte dieser robuste und erschwingliche Drachen eine Wiederbelebung des Drachenkunstflugs zuwege. Der lange, röhrenförmige Schwanz, von der Luft aufgebläht, bremst den Drachen und zeichnet seine Flugbahn am Himmel nach.

*Die lockeren Hinterkanten bilden im Flug auf beiden Seiten des Achsholms einen Bogen*

**Hawaiian Team Kite**
Ein großer, deltaförmiger Hochleistungsdrachen, ideal für Mannschaftswettbewerbe. Er ist relativ schwer und langsam, wendet auf der Stelle und kann sowohl eckige Figuren als auch langgezogene Kreise fliegen.

**Spannweite**
2,4 m
**Windgeschwindigkeit**
leicht bis mäßig
**Erforderliche Geschicklichkeit**
durchschnittlich bis fortgeschritten
**Leinenbruchlast**
90 daN

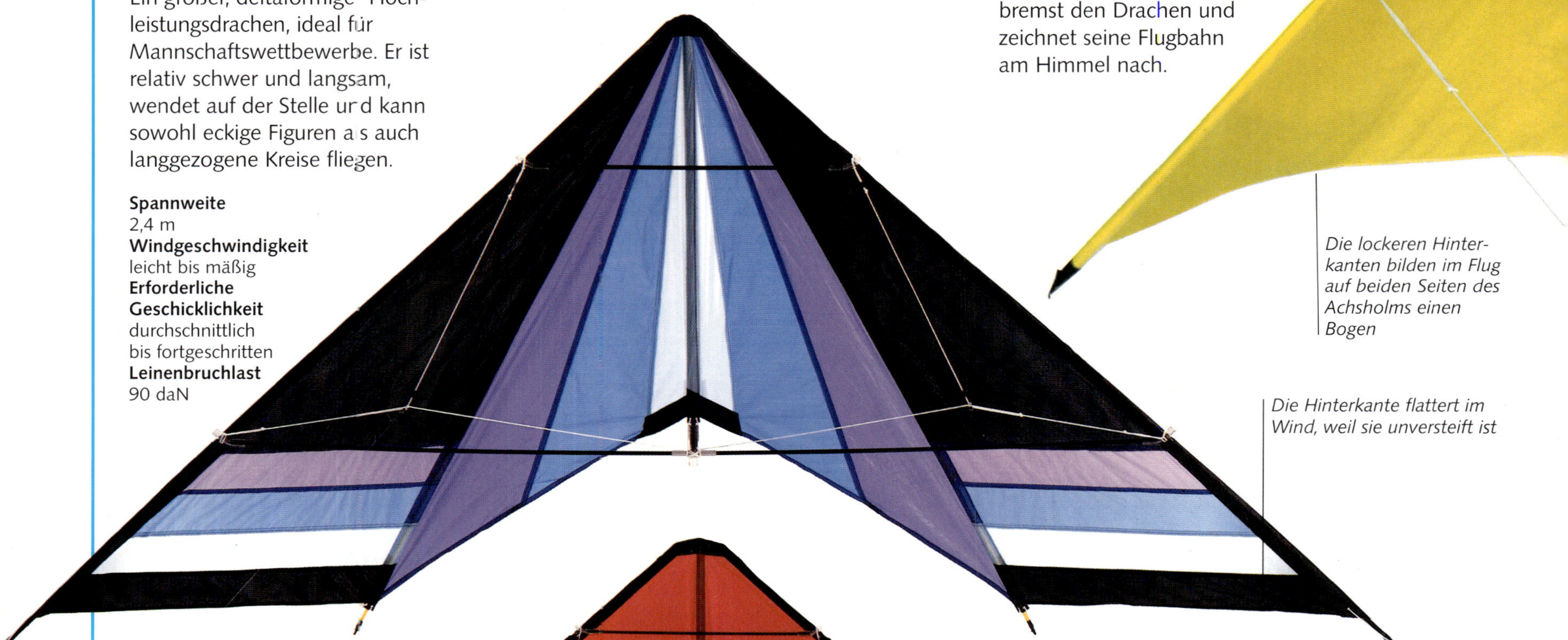

*Die Hinterkante flattert im Wind, weil sie unversteift ist*

**Hawaiian Spin-off**
Eine schnellere Version des Mannschaftsdrachens (oben) mit Schürzenform, dessen hervorstechendste Eigenschaft seine Drehfreudigkeit ist. Viele neue Entwürfe basieren auf dieser Form.

**Spannweite**
2,4 m
**Windstärke**
mäßig bis stark
**Erforderliche Geschicklichkeit**
durchschnittlich bis fortgeschritten
**Leinenbruchlast**
68 daN

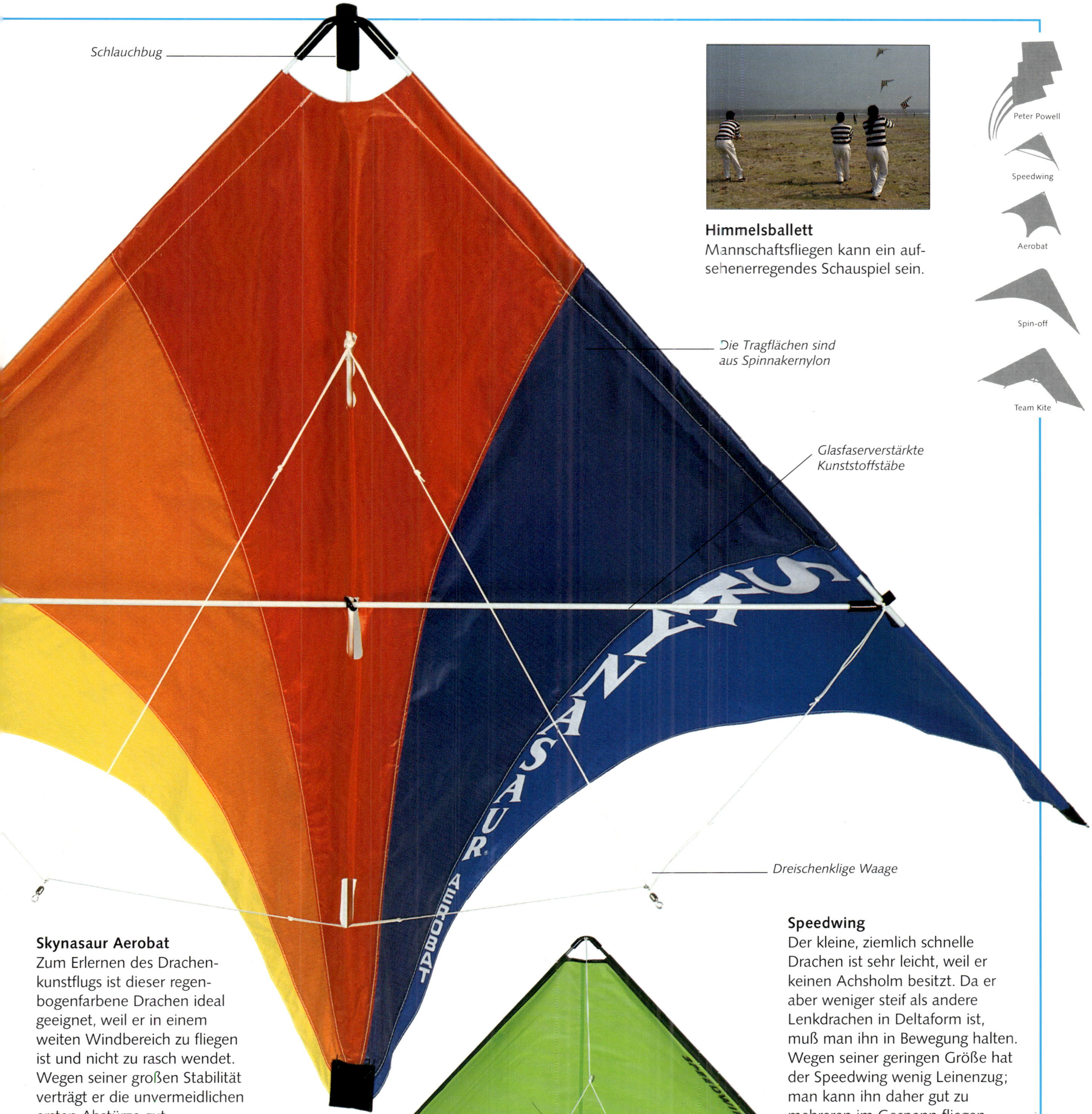


**Himmelsballett**
Mannschaftsfliegen kann ein aufsehenerregendes Schauspiel sein.



**Skynasaur Aerobat**
Zum Erlernen des Drachenkunstflugs ist dieser regenbogenfarbene Drachen ideal geeignet, weil er in einem weiten Windbereich zu fliegen ist und nicht zu rasch wendet. Wegen seiner großen Stabilität verträgt er die unvermeidlichen ersten Abstürze gut.

**Spannweite**
1,4 m
**Windstärke**
mäßig bis stark
**Erforderliche Geschicklichkeit**
Anfänger bis fortgeschritten
**Leinenbruchlast**
27 daN

**Speedwing**
Der kleine, ziemlich schnelle Drachen ist sehr leicht, weil er keinen Achsholm besitzt. Da er aber weniger steif als andere Lenkdrachen in Deltaform ist, muß man ihn in Bewegung halten. Wegen seiner geringen Größe hat der Speedwing wenig Leinenzug; man kann ihn daher gut zu mehreren im Gespann fliegen.

**Spannweite**
1,2 m
**Windstärke**
mäßig
**Erforderliche Geschicklichkeit**
durchschnittlich
**Leinenbruchlast**
50 daN

# Lenkdrachen

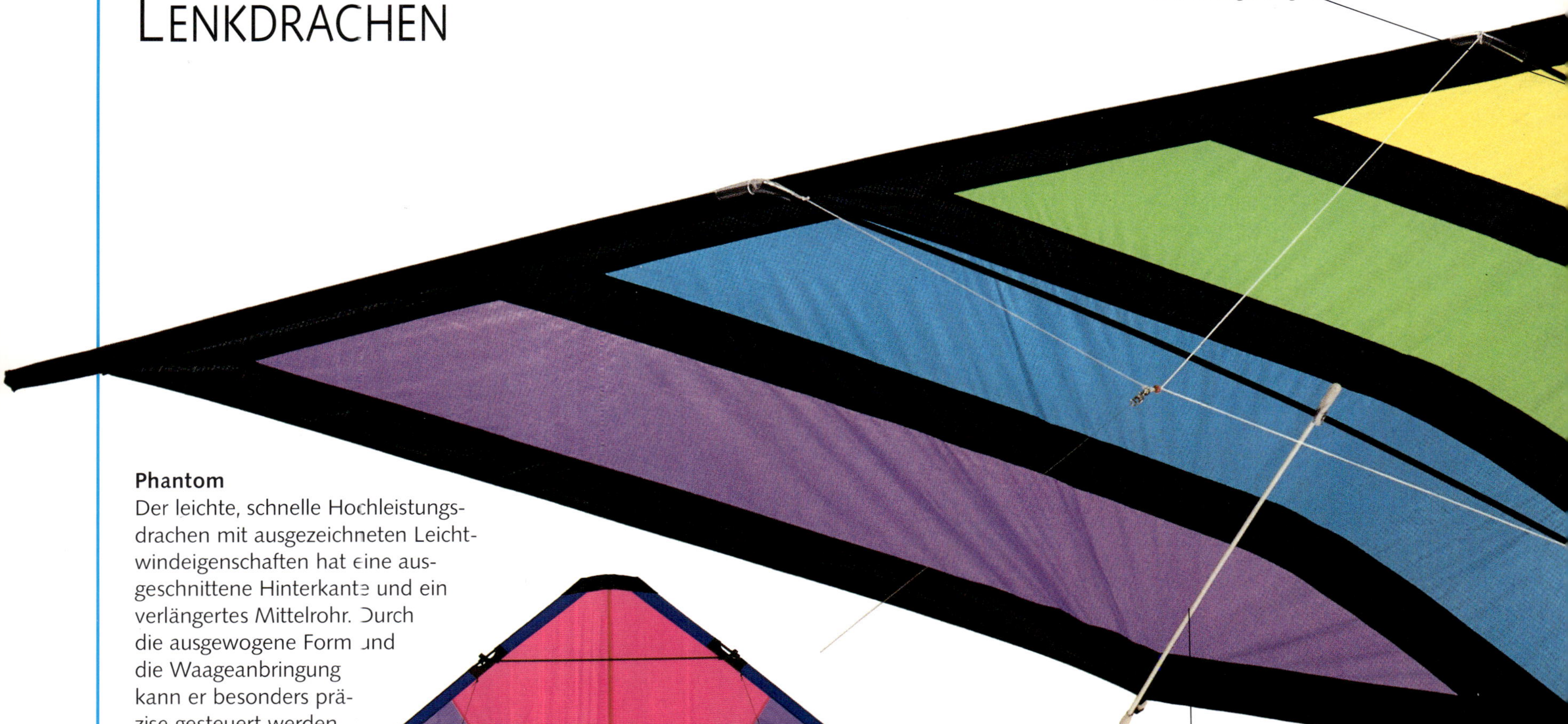


**Phantom**
Der leichte, schnelle Hochleistungsdrachen mit ausgezeichneten Leichtwindeigenschaften hat eine ausgeschnittene Hinterkante und ein verlängertes Mittelrohr. Durch die ausgewogene Form und die Waageanbringung kann er besonders präzise gesteuert werden. Am Himmel bietet er einen spektakulären Anblick.

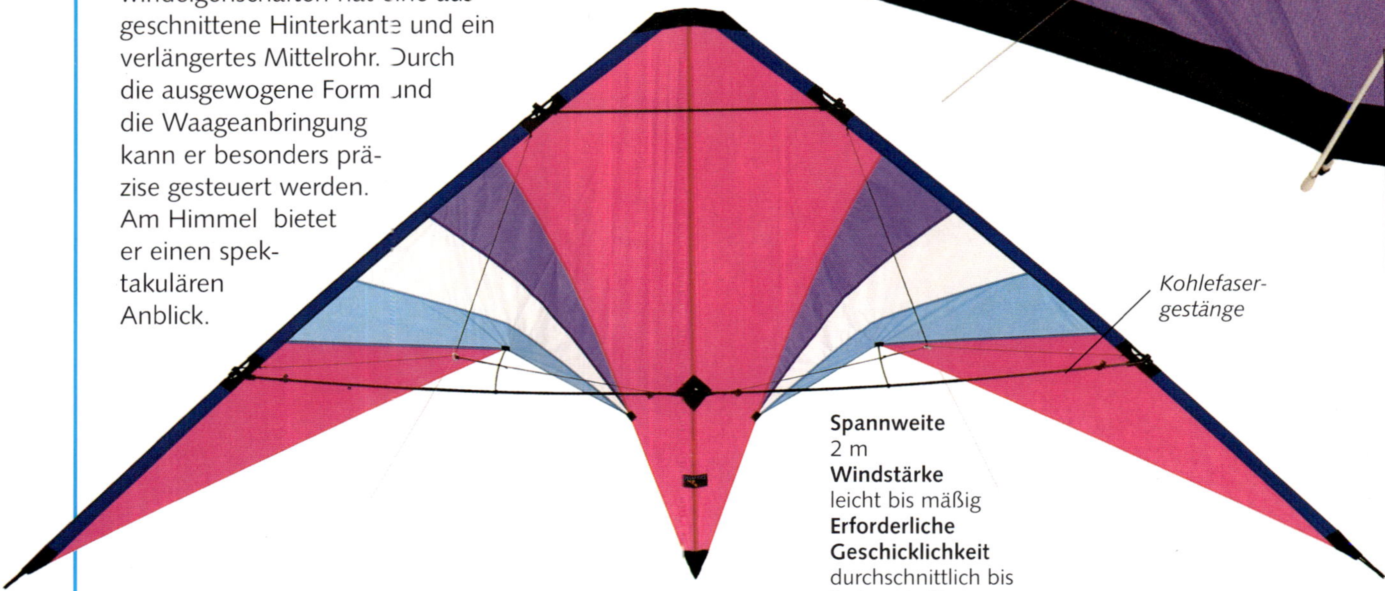


**Spannweite**
2 m
**Windstärke**
leicht bis mäßig
**Erforderliche Geschicklichkeit**
durchschnittlich bis fortgeschritten
**Leinenbruchlast**
86 daN

**Revolution**
Im Gegensatz zu den übrigen hier gezeigten Lenkdrachen wird der Revolution mit vier statt mit zwei Leinen gesteuert. Dadurch ist der Anstellwinkel an beiden Seiten unterschiedlich verstellbar, so daß der Drachen in alle Richtungen steuerbar ist.

**Spannweite**
1,9 m
**Windstärke**
mäßig bis stark
**Erforderliche Geschicklichkeit**
fortgeschritten
**Leinenbruchlast**
27 – 50 daN

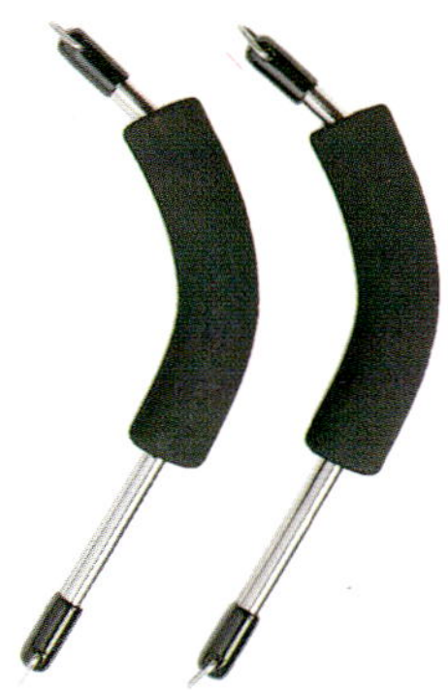

Jeder Handgriff ist an beiden Enden an je einer Flugleine einer Seite befestigt. Zum Steuern kippt man die Handgriffe nach oben oder unten

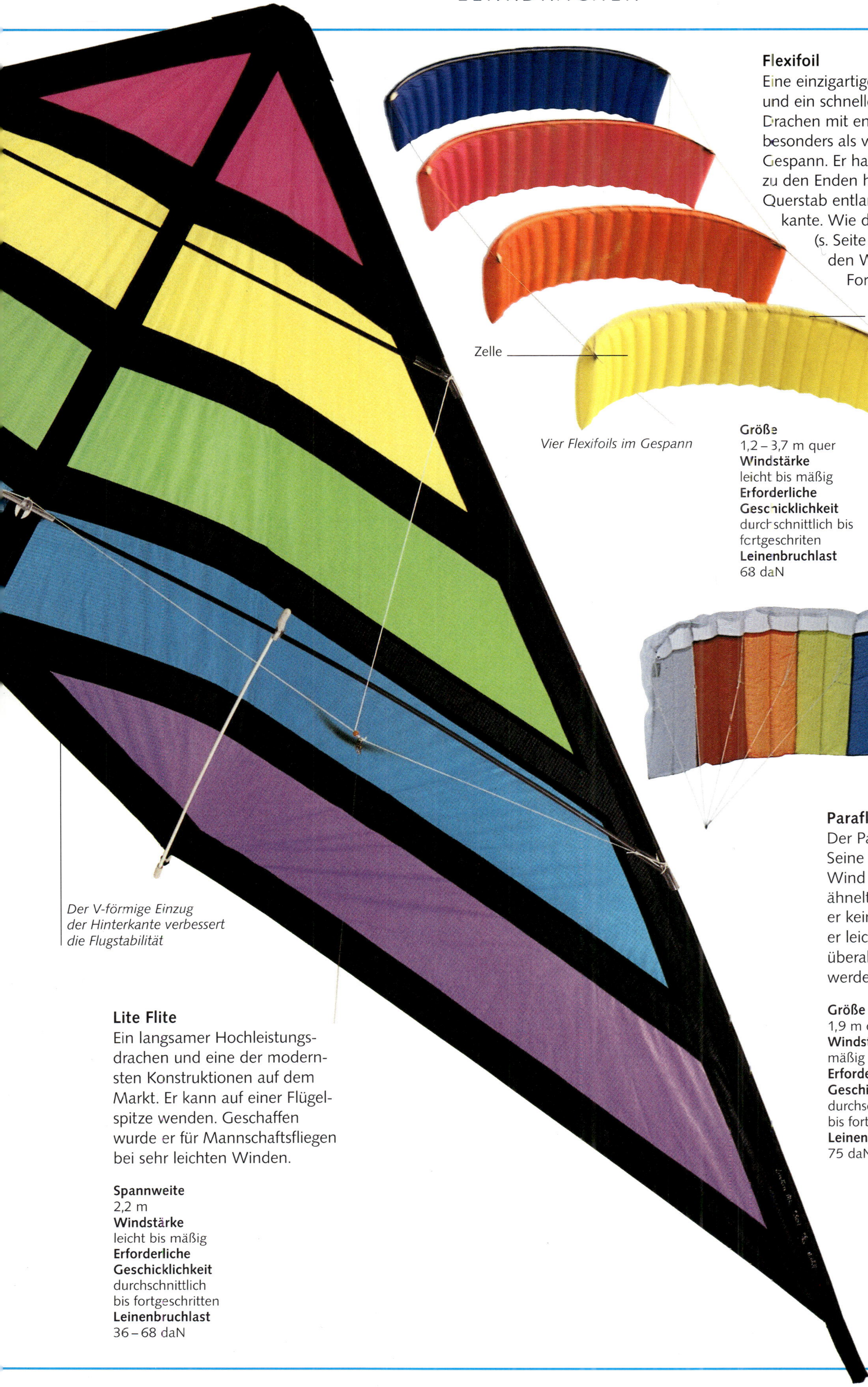


Vier Flexifoils im Gespann

## Flexifoil

Eine einzigartige Konstruktion und ein schneller, aufregender Drachen mit enormer Zugkraft, besonders als vielfarbiges Gespann. Er hat einen einzigen, zu den Enden hin verjüngten Querstab entlang der Vorderkante. Wie der Parafoil (s. Seite 32) wird er durch den Winddruck in Form gehalten.

**Größe**
1,2 – 3,7 m quer
**Windstärke**
leicht bis mäßig
**Erforderliche Geschicklichkeit**
durchschnittlich bis fortgeschriten
**Leinenbruchlast**
68 daN

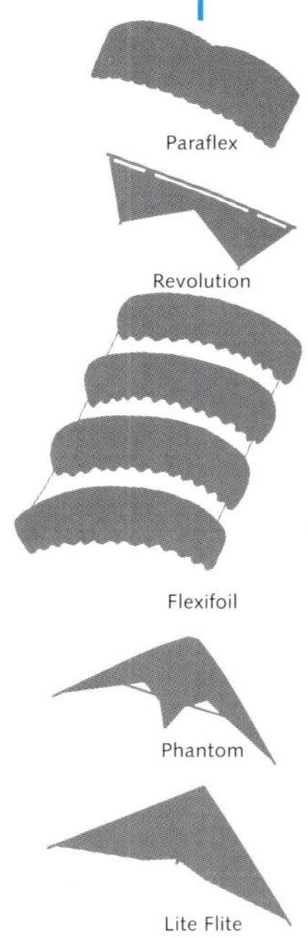


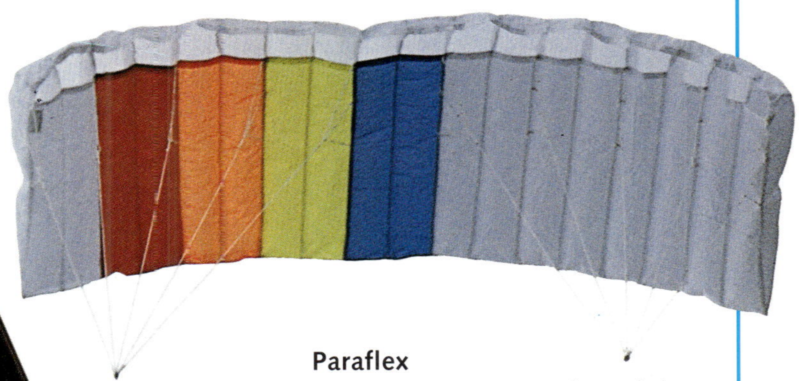

## Paraflex

Der Paraflex ist ein Lenkparafoil. Seine vielen Zellen werden vom Wind aufgebläht. Seine Form ähnelt der des Flexifoils, doch hat er keinen Querstab. Daher kann er leicht zusammengelegt und überallhin mitgenommen werden.

**Größe**
1,9 m quer
**Windstärke**
mäßig bis stark
**Erforderliche Geschicklichkeit**
durchschnittlich
bis fortgeschritten
**Leinenbruchlast**
75 daN

## Lite Flite

Ein langsamer Hochleistungsdrachen und eine der modernsten Konstruktionen auf dem Markt. Er kann auf einer Flügelspitze wenden. Geschaffen wurde er für Mannschaftsfliegen bei sehr leichten Winden.

**Spannweite**
2,2 m
**Windstärke**
leicht bis mäßig
**Erforderliche Geschicklichkeit**
durchschnittlich
bis fortgeschritten
**Leinenbruchlast**
36 – 68 daN

# Aus Papier und Plastik

Viele Gegenstände des täglichen Gebrauchs bieten sich als perfekte Materialien für Drachen an. Zeitungen, Einwickelpapier, ja sogar Plastikmüllsäcke können zur Herstellung von einfachen, wenn auch empfindlichen Drachen jeder Größe dienen. Da man dafür kaum mehr können muß als Papier falten oder eine Form aus Plastikfolie ausschneiden, macht der Bau solcher Drachen gerade Kindern viel Spaß. Geflogen werden sie in leichten Winden an einer dünnen Schnur.

**Drachen mit einer Falte**
Der einfachste Faltdrachen überhaupt ist ein Rechteck aus Papier mit einer Mittelfalte in Längsrichtung. Eine Einpunktwaage wird angeknüpft und an jeder hinteren Ecke ein Schwanz aus Plastikband befestigt. Die Vorderkante ist mit Klebeband verstärkt.

*Die Mittelfalte verläuft von hinten bis zu etwa zwei Dritteln der Länge nach vorn*

*Der Schwanz wird aus mehreren Streifen Plastikfolie zusammengesetzt*

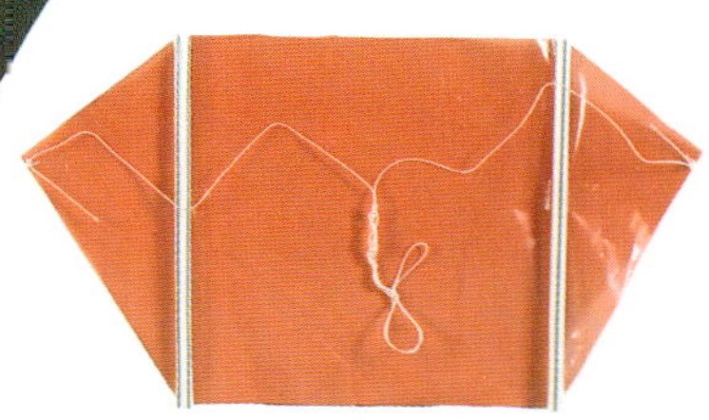

**Plastik-Sled**
Zwei Varianten der Grundform eines Schlittens, einer aus einem grünen Plastiksack mit aus Plastikfolie gerollten Längsstäben in Kontrastfarbe, der andere aus einer Plastik-Einkaufstüte gefertigt, mit Stäben aus Trink- oder Strohhalmen. Die Befestigungsstellen der Waageleinen sind mit Klebeband verstärkt.

**Viv Comma's Kiskeedee**
Ein Drachen, der am Himmel tanzt. Der Kiskeedee ist im Handel erhältlich. Er wurde von einem 70jährigen Jamaikaner entwickelt und war für viele Kinder der erste Drachen.

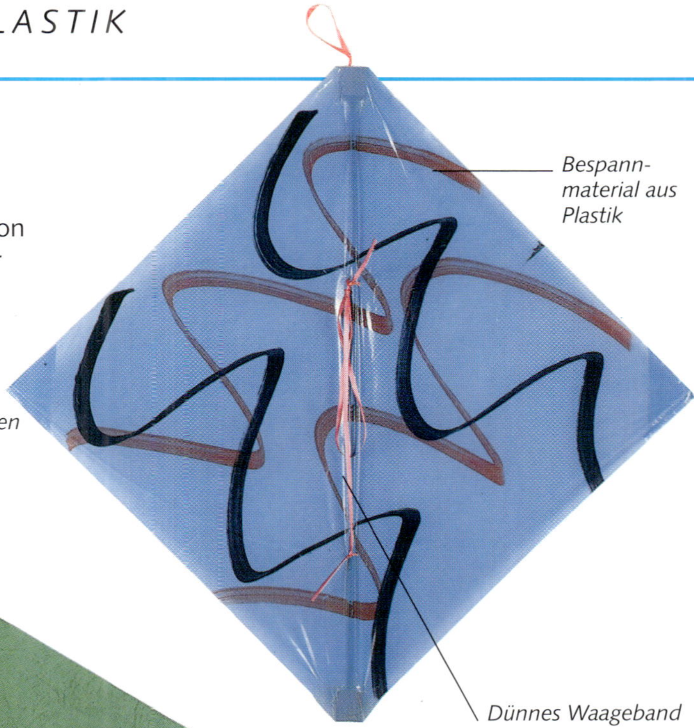

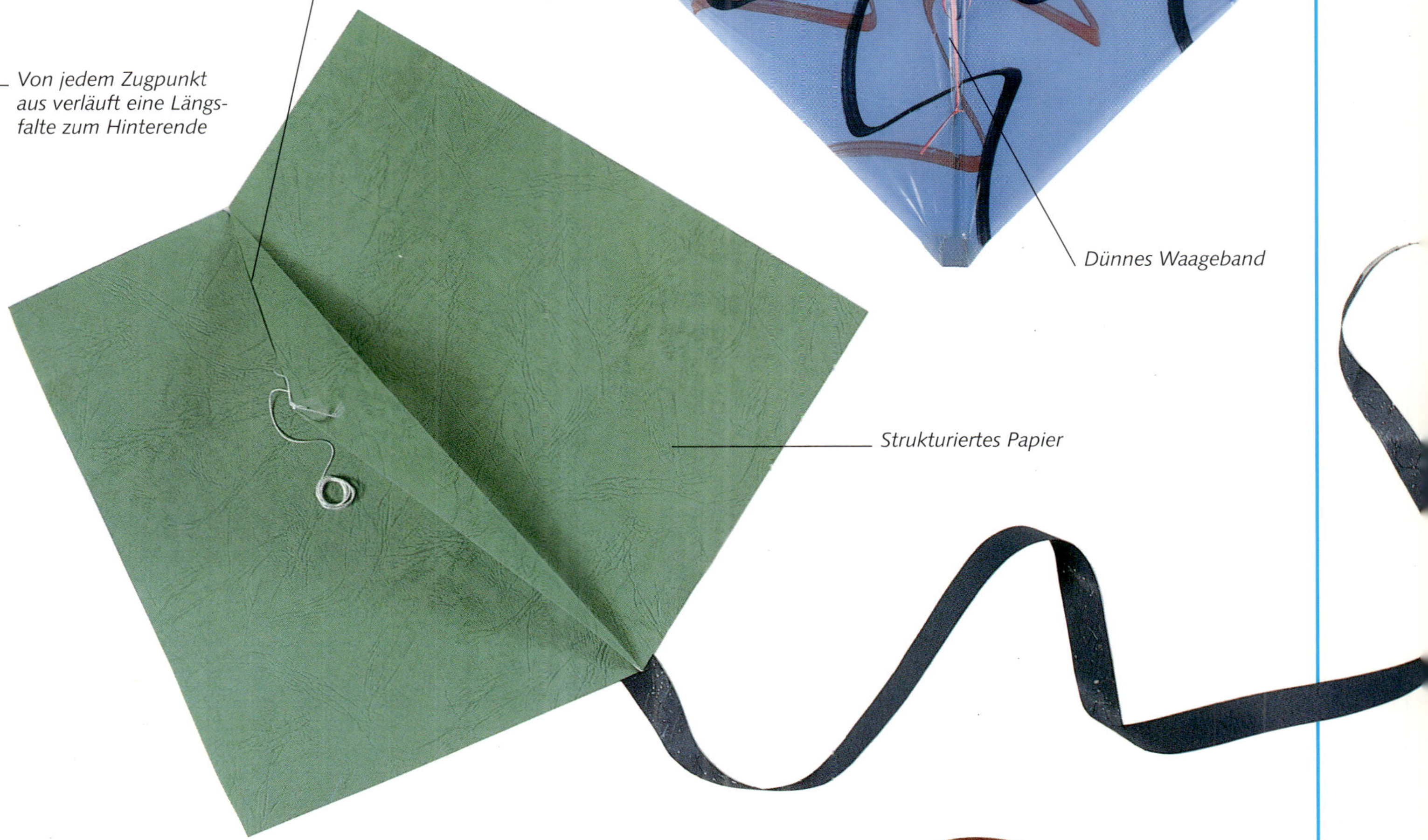


**Papierdrachen mit Kiel**
Hier wird einfach ein Stück Papier zunächst der Länge nach in der Mitte gefaltet und dann jede Seite zu einem Kiel hochgefaltet. Klebeband hält den Kiel hinten zusammen, ein Strohhalm dient als Querstab. Am Ende des Kiels wird ein dünner Schwanz befestigt.

**Fünf-Falten-Drachen**
Japanpapier mit Silberpunkten verleiht diesem diamantförmigen Drachen mit fünf Falten ein orientalisches Aussehen. Er hat eine zweischenklige Waage und einen langen Schwanz in kontrastierendem Rot.

Ein kleiner Fünf-Falten-Drachen aus Zeitungspapier

# Ausrüstung

Die Auswahl an Ausrüstungsgegenständen für das Drachenfliegen ist sehr groß und manchmal verwirrend. Sie reicht von den einfachsten Handgriffen, Griffschlingen und Leinenspulen bis hin zu allerneuestem Zubehör, wie Nachtleuchten und Windmeßgeräten. Eine Auswahl dessen, was auf dem Markt ist, wird hier vorgestellt. Wobei auch auf Unterschiede zwischen vergleichbaren Artikeln hingewiesen wird, damit es Ihnen leichter fällt, die für Ihren Drachen richtige Ausrüstung auszuwählen.

## Handgriffe

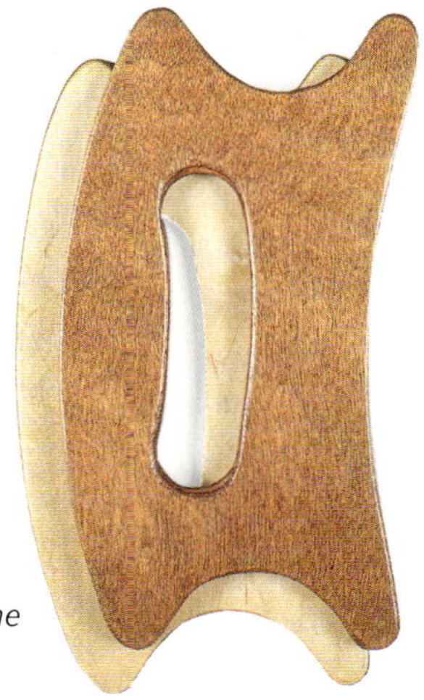

**Standard-Kunststoffgriffe**
Diese leichten Griffe sind für kleine Drachen ideal. Beim Einholen von größeren Drachen würden sie zu leicht zerbrechen.

**Holzgriffe**
Für große Drachen wie den Mega Delta. Nicht geeignet für Lenkdrachen.

**Sky Claws („Himmelsklauen“)**
Eine Kreuzung von Handgriff und Griffschlinge, geeignet für kleine bis mittlere Lenkdrachen. Man kann sie auf einen Verbindungsstab stecken und mit dessen Hilfe die Leinen darum herum wickeln.

**Kunststoffgriffe für stärkere Belastungen**
Besser zu handhaben und dauerhafter als die Standardtypen, sind diese Griffe genau richtig für mittlere bis große Lenkdrachen.

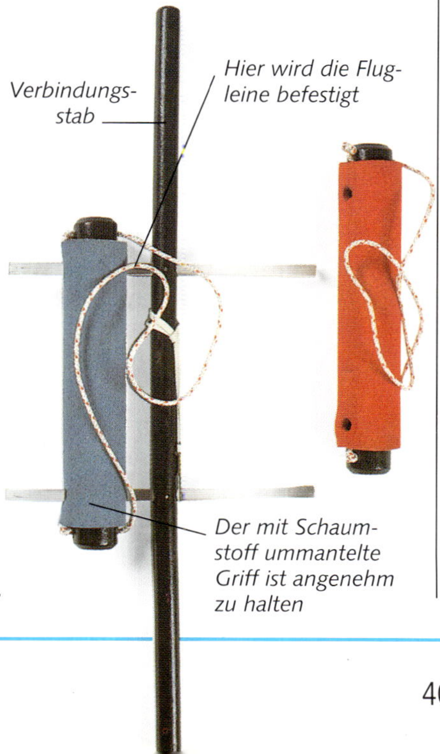


## Schlingengriffe

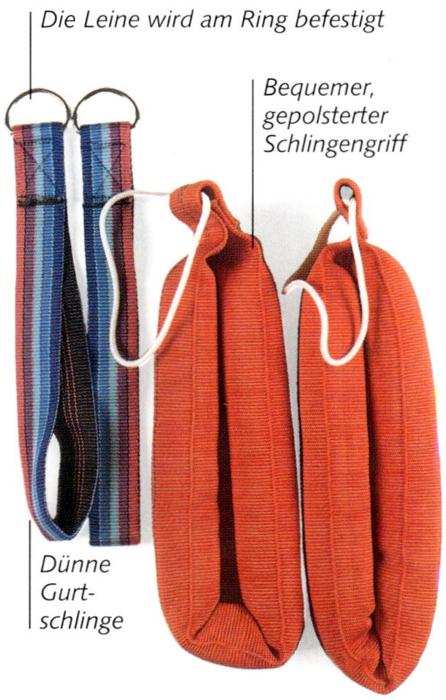


**Handgelenk-Schlingengriffe**
Sie sind bei längerem Fliegen von Lenkdrachen zu empfehlen, weil sonst die Belastung der Finger zu groß wird. Dünne Schlingen für kleinere Drachen, gepolsterte für größere benutzen. Für das Aufwickeln der Leine braucht man eine gesonderte Spule.

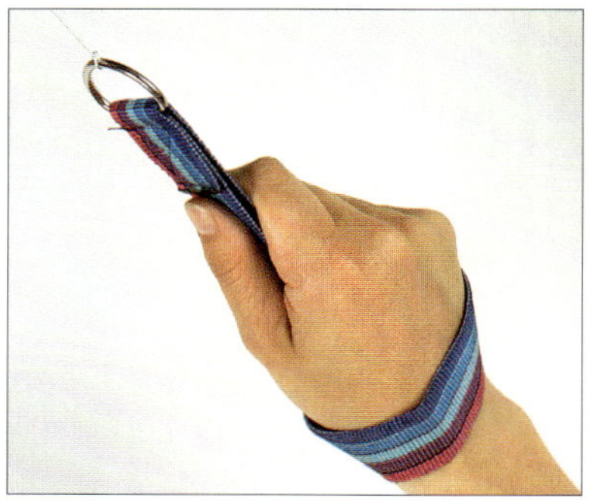

**So trägt man den Schlingengriff**
Man zieht ihn über den Handrücken und hält ihn unter dem D-Ring fest. Blutzirkulation nicht behindern!

**Finger-Schlingengriffe**
Ähnlich den Handgelenkschlingen, aber auf den Fingern zu tragen. Das Gefühl für den Drachen ist besser, doch sind sie nur bei leichtem Wind bequem.

## Spulen und Winden

**Spulen aus Kunststoff**
Mit ihnen kann man die Leinen rasch ausrauschen lassen und schnell wieder einziehen. Für große Drachen nicht geeignet, weil sie nicht genügend Leine aufnehmen.

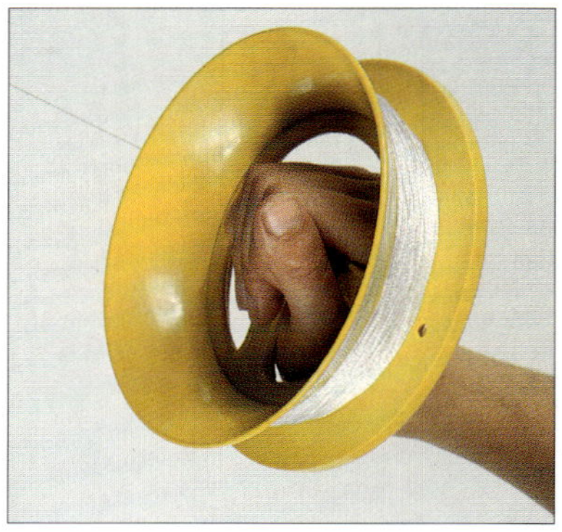

**Handhabung der Spule**
Man hält sie senkrecht in einer Hand. Zum Abspulen hält man den nicht zur Hand gerichteten Rand in Richtung Drachen, zum Stoppen hält man die Spule wieder senkrecht.

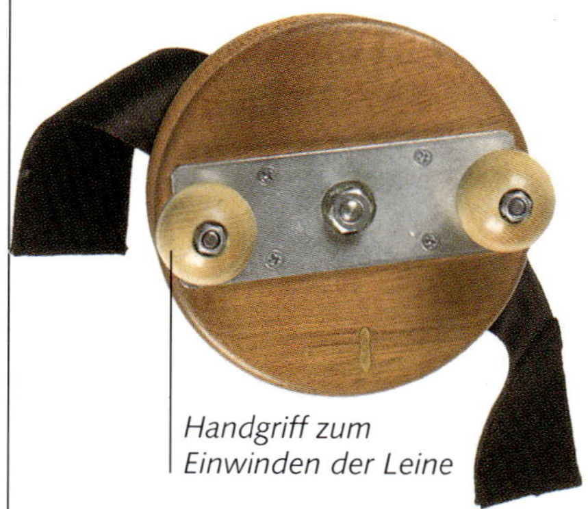


**Flugleinenwinde aus Holz**
Eine schwere Winde mit drehbarem Mittelteil. Man hält die Winde in einer Hand und arretiert durch Fingerdruck das Mittelstück. Zum Abspulen läßt man das Mittelteil dann gebremst ausrauschen.

## Schwänze, Drogues und Windsäcke

**Schwänze**
Meist aus Nylon oder Plastikfolie. Stabilisierend und dekorativ zugleich.

Ein Fransenschwanz hat mehr Luftwiderstand und hilft, die Flugstabilität des Drachens zu erhöhen

Standard-Drogue

**Drogues**
Die konischen oder tassenförmigen Windsäckchen, meist aus Nylon hergestellt, verbessern die Stabilität.

Farbenfroher Wirbelwindsack, der sich im Winde dreht

**Windsäcke**
Vom Wind aufgeblähte Röhren aus Nylon oder Baumwolltuch, die am hinteren Ende eines Drachens befestigt sind. Sie sehen am Himmel nicht nur sehr dekorativ aus, sie erhöhen auch die Flugstabilität des Drachens.

## Zubehör

**Handschuhe**
Gartenhandschuhe sind ideal, um die Finger gegen Verbrennungen beim Leinenbremsen zu schützen.

**Sonnenbrillen**
Das Beobachten des Drachens am Himmel strengt die Augen oft sehr an. Daher sollten Sie beim Kauf einer Sonnenbrille unbedingt auf gute Qualität achten.

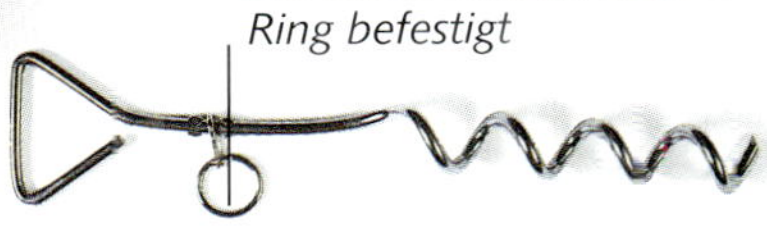

*Die Leine wird an diesem Ring befestigt*

**Erdanker**
Diese Metallspiralen, für die Verankerung von Surfbrettern gedacht, eignen sich auch bestens zum Anbinden einer Leine, wenn der Drachen länger am Himmel stehen soll.

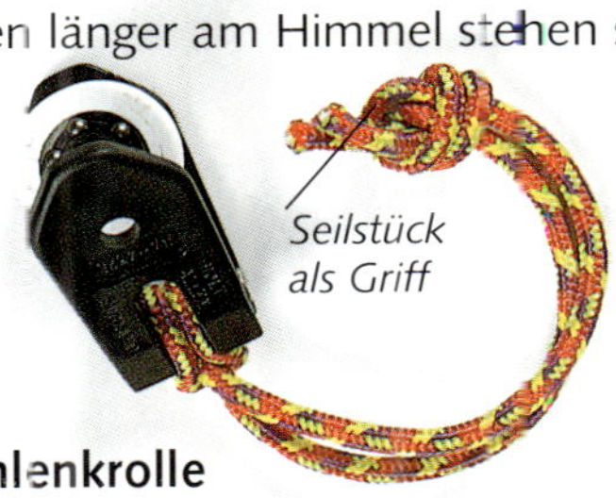

*Seilstück als Griff*

**Umlenkrolle**
Über die Leine gehängt, kann man damit große Einleinendrachen leichter herunterziehen.

**Leinenläufer**
Auf die Drachenleine gehängt, treibt das Segel den Läufer die Leine hinauf zum Drachen, wo er anstößt und ein mitgeführtes Objekt, etwa einen Fallschirm, ausklinkt. Dabei faltet sich auch das Segel zusammen, und der Läufer kommt wieder zurück.

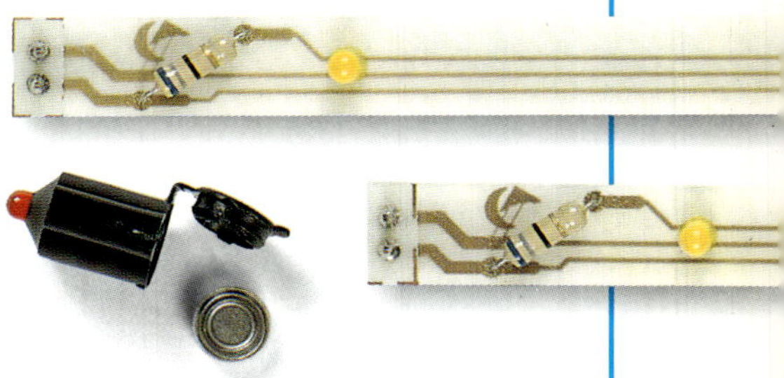

**Beleuchtungen**
Wer auch bei Dunkelheit Drachen fliegen will, kann am Drachen oder an der Leine batteriebetriebene Leuchten anbringen. Sie müssen leicht sein, um die Leistung des Drachens nicht zu beeinträchtigen. Es gibt bereits recht anspruchsvolle Beleuchtungssysteme.

**Windmesser**
Er besteht hauptsächlich aus einem kleinen Propeller, der gegen den Wind gehalten wird und dessen Geschwindigkeit über dem Erdboden mißt (Dynamoprinzip).

**Teddy am Fallschirm**
Dieser mutige Springer wird mit einem Läufer die Leine hinauftransportiert und schwebt nach dem Ausklinken zur Erde zurück. Eine Vorführung, die garantiert Zuschauer anlockt!

# DRACHEN FLIEGEN

*In diesem Kapitel wird gezeigt, wie man die verschiedenen Drachentypen in die Luft bringt, steuert und wieder landet, wie man Fehler vermeidet und auftretende Probleme in den Griff bekommt, wie man sich auf die unterschiedlichen Windverhältnisse einstellt. Eine Einführung in das faszinierende Hobby des Drachenkunstflugs rundet dieses informative Kapitel ab.*

# So fliegt ein Drachen

Ein Drachen ist schwerer als Luft und braucht zum Fliegen eine Kraft, die ihn hebt: den vom Wind erzeugten Auftrieb, der größer ist als die Schwerkraft, die den Drachen zu Boden zieht. Um den bestmöglichen Auftrieb zu erzielen, stellt man die tragende Fläche des Drachens im richtigen Winkel (dem Anstellwinkel) gegen den Wind. Dieser Winkel wird am Ring der Waage eingestellt.

Der günstigste Punkt für den Ring liegt ungefähr beim ersten Drittel der Länge des Drachens, je nach Windverhältnissen mit kleineren Abweichungen. Trotz dieser vorgegebenen Einstellung verändert sich zunächst nach dem Aufstieg des Drachens der Anstellwinkel, bis der Drachen schließlich seine zu dieser Einstellung günstigste Flugposition erreicht hat.

## Flugbahn

Im Flug wirken auf den Drachen drei Kräfte ein: der Auftrieb, die Schwerkraft und der Luftwiderstand. Auftrieb nennt man die Kraft, die der Wind im wesentlichen auf der Vorderseite der tragenden Flächen erzeugt und die den Drachen in der Luft hält. Die Schwerkraft, als Gegenkraft zum Auftrieb, zieht den Drachen entsprechend seinem Gewicht nach unten. Der Luftwiderstand ist von der Form des Drachens abhängig. Die Bildsequenz auf dieser Seite zeigt, wie sich der Anstellwinkel während des Aufstiegs in Abhängigkeit von der gegenseitigen Verschiebung der angreifenden Kräfte ändert.

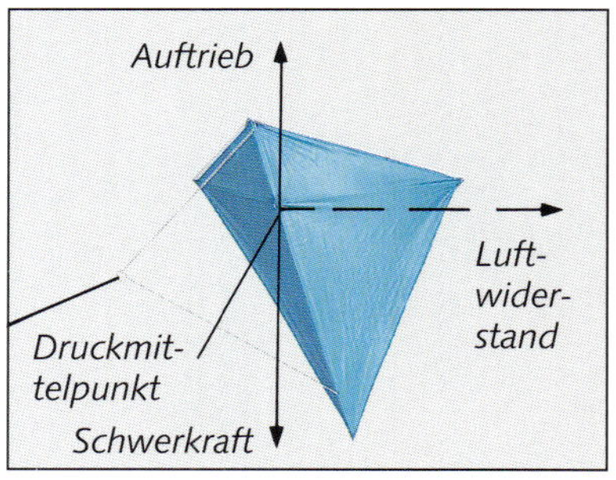


### Druckmittelpunkt

Ein Drachen fliegt dann am besten, wenn die drei Kräfte sich in einem imaginären Punkt ausgleichen, dem sogenannten Druckmittelpunkt.

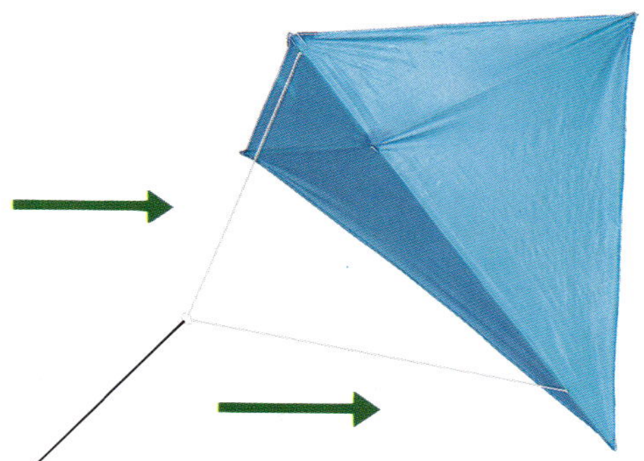

### Ausbalancierte Flugposition

Hat der Drachen einen Flugwinkel von 45 bis 60° erreicht, sind Auftriebskraft und Schwerkraft im Gleichgewicht. Dies ist der optimale Anstellwinkel bei mittleren Windstärken.

**BEDEUTUNG DER PFEILE**

- Windrichtung (grüner Pfeil)
- Flugbahn des Drachens (violetter Pfeil)

*Der Leinenzug hält den Drachen in der Luft*

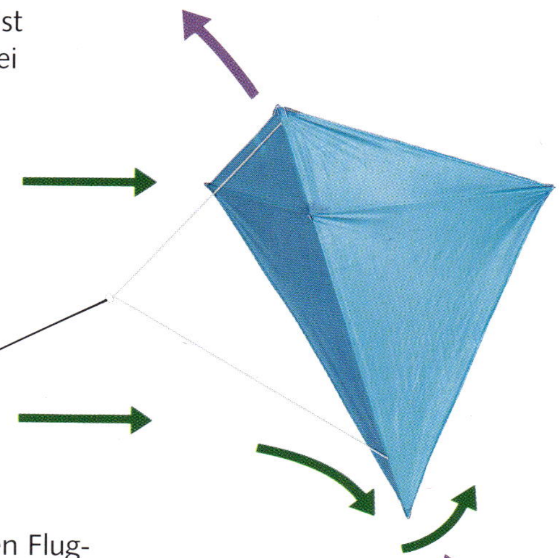

### Auf halber Höhe

Hat der Drachen einen Flugwinkel von etwa 30° zum Erdboden erreicht, ist der Auftrieb noch stärker als die Schwerkraft, weshalb der Drachen weiter steigt. Doch wegen des verringerten Anstellwinkels bietet der Drachen dem Wind weniger Angriffsfläche.

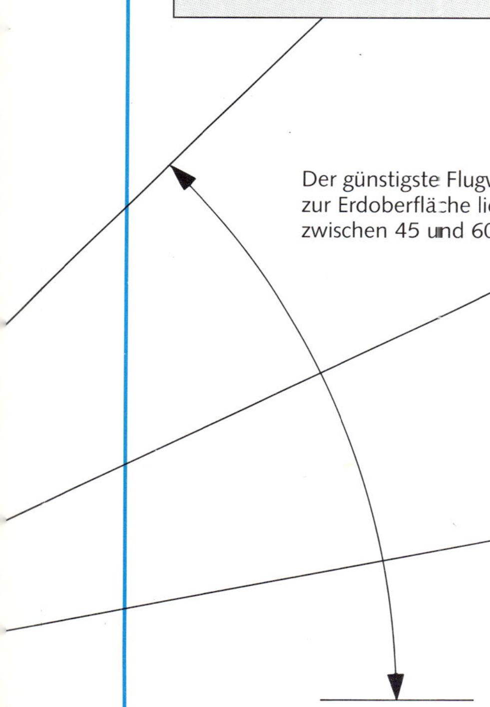

Der günstigste Flugwinkel zur Erdoberfläche liegt zwischen 45 und 60°

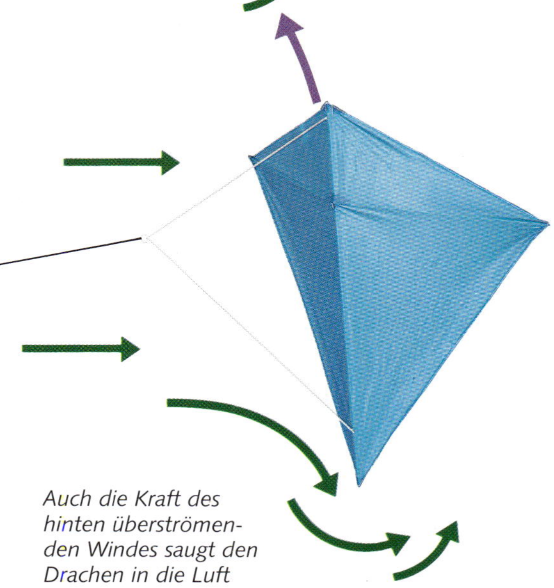

### Der Start

Unmittelbar nach dem Start ist der Auftrieb größer als die Schwerkraft. Der Drachen steht fast senkrecht zum Erdboden und bietet dem Wind eine große Oberfläche, so daß der Drachen hochgedrückt wird.

*Auch die Kraft des hinten überströmenden Windes saugt den Drachen in die Luft*

## In der Luft bleiben

Damit der Drachen oben bleibt, muß er gegen den Wind gerichtet, also richtungsstabil fliegen. Manche Drachen sind allein durch ihre Konstruktion richtungsstabil, anderen muß man zusätzlich Stabilität geben.

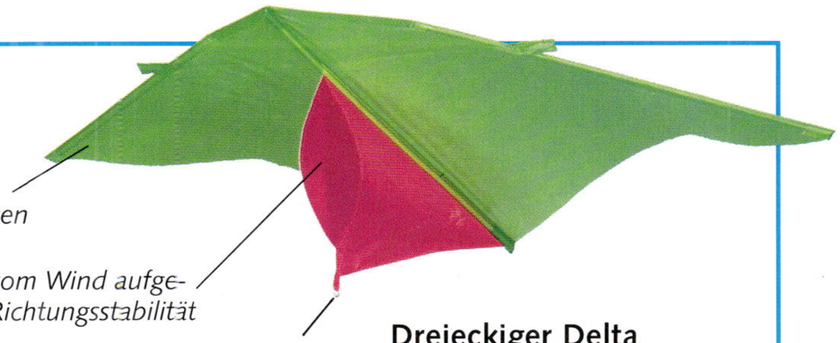


**Dreieckiger Delta**
Die Deltaform und die gewölbten Hinterkanten bewirken, daß der Drachen, bei ganz geringem Anströmwinkel, fast horizontal fliegt.

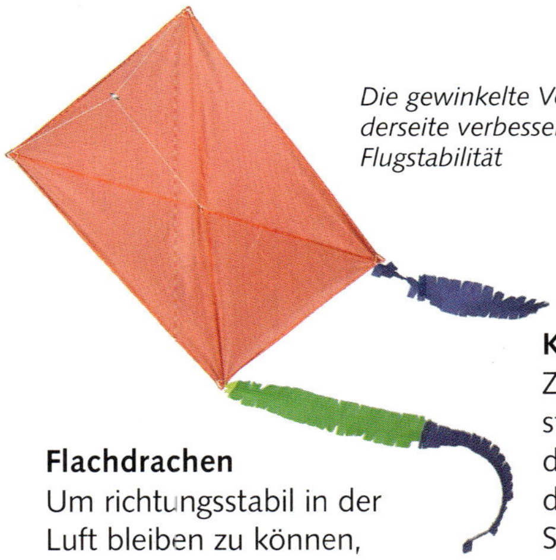

**Flachdrachen**
Um richtungsstabil in der Luft bleiben zu können, braucht ein Flachdrachen einen Schwanz.

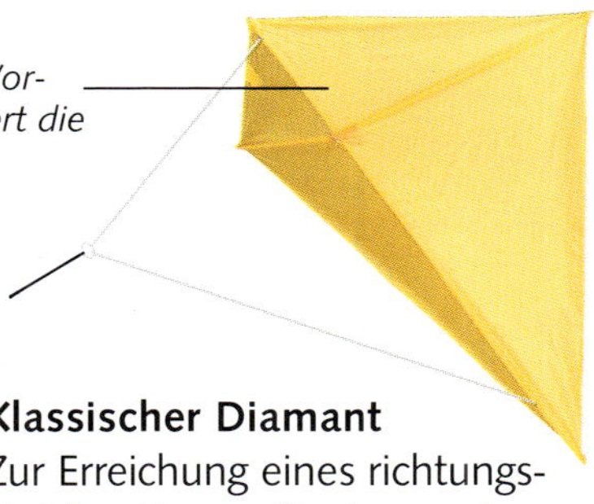


**Klassischer Diamant**
Zur Erreichung eines richtungsstabilen Kurses fliegt man den diamantförmigen Malaiendrachen entweder flach mit Schwanz oder gewölbt; in diesem Fall kann man auf den Schwanz verzichten.

**Zweizellen-Kastendrachen**
Ein starrer Kastendrachen hat viele tragende Flächen, die ihm Auftrieb und Richtungsstabilität verleihen.

## Das Einstellen der Waage

Zunächst stellt man die Waage provisorisch ein, die Feineinstellung erfolgt dann auf dem Flugfeld.

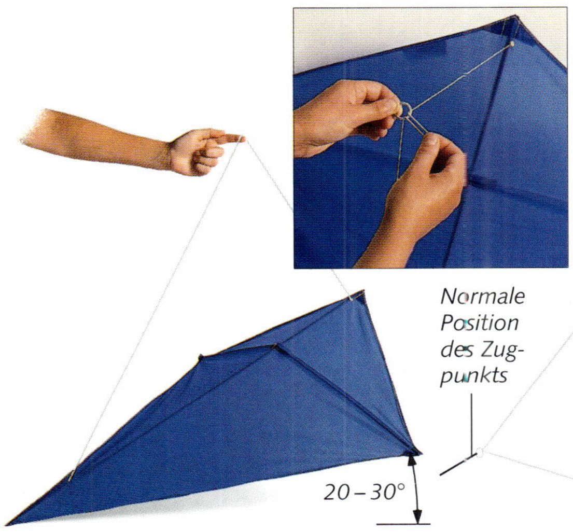

1 Legen Sie den Drachen auf den Rücken. Schieben Sie einen Finger unter die Waageleine und heben Sie die Hand vorsichtig, bis sich der Bug anhebt.

2 Ist der Drachen in einem Winkel von etwa 20–30° angehoben, binden Sie einen Ring an der Stelle, an der sich der Finger befindet, mit einer Überwurfschlinge ein (Seite 65).

Die Position dieses Zugrings ist, vom Bug weg, bei etwa einem Drittel der Drachengesamtlänge und ungefähr eine halbe Drachenlänge von der Oberfläche entfernt.

3 Man hält den Drachen versuchsweise am Zugring gegen den Wind, um zu sehen, ob er fliegt. Wird er angehoben, ist die Waage richtig eingestellt.

## Einstellung des Zugpunkts

Bevor man startet, muß die Einstellung des Zugpunkts den jeweils vorherrschenden Windverhältnissen angepaßt werden. Solche Änderungen sind jedoch fast immer minimal: Der optimale Anstellwinkel wird meist durch Verschiebung des Zugrings um maximal 10 mm gegenüber der normalen Einstellung erreicht.

**Leichtwindeinstellung**
Bei leichtem Wind verschiebt man den Zugring in Richtung Drachenende.

**Starkwindeinstellung**
Bei starkem Wind verschiebt man den Zugring in Richtung Bug.

# VORBEREITEN ZUM FLIEGEN

Einen Drachen fliegt man am besten über einem flachen, offenen Gelände ohne Hindernisse wie Bäume, Gebäude oder Hochspannungsleitungen. Sind noch andere Drachenpiloten da, wie etwa bei Wettbewerben, dann wählt man einen möglichst freien Platz am Himmel, um seinen Drachen steigen zu lassen. Entgegen herkömmlicher Meinung braucht man zum Drachenfliegen keinen starken Wind: Meist ist eine leichte bis mäßige Brise ideal. Einige Drachen, wie schwere Kastendrachen oder moderne, robuste Lenkdrachen, sind allerdings speziell für stärkeren Wind konstruiert. In jedem Fall sollte man sich über die Stärke des Windes schon vor dem Start im klaren sein.

## Auswahl des Fluggeländes

Das ideale Fluggelände ist eben und ohne Hindernisse, etwa ein Strand, eine Wiese oder – in bebauten Gebieten – ein offener Park. Jedes Hindernis, ob Baum oder Gebäude, das dem Wind sozusagen im Wege steht, bedeutet Verwirbelung der Luftströmung.

**Fliegen am Strand**
Ein Meeresstrand, mit meist nichts als Sand und Meer kilometerweit, ist ein ideales Gelände zum Drachenfliegen. Klippen oder Felsen allerdings können Turbulenzen verursachen.

**SICHERHEITS-GEBOTE**

- Das Fluggelände muß offen und mindestens 5 km vom nächsten Flugplatz entfernt sein.
- Drachen niemals in der Nähe von Hochspannungsleitungen und Masten fliegen.
- Drachen niemals während eines Gewitters fliegen: er könnte als Blitzableiter wirken.
- Auf Tiere und Menschen achten!
- Immer Abstand von anderen Drachen halten, außer bei Kunstflugwettbewerben oder Drachenkämpfen.
- Immer Schutzhandschuhe tragen, besonders bei stärkerem Wind und größeren Drachen, um Verbrennungen der Hände durch die Leine zu vermeiden.
- Drachen nicht höher fliegen als gesetzlich zugelassen (in Deutschland sind nur 100 m Leinenlänge erlaubt).

**Die Freiheit des Fliegens**
Drachenfliegen in einem weiten, offenen Gelände vermittelt ein herrliches Gefühl der Freiheit.

**Freies Gelände**
Diese große Wiese inmitten einer Stadt ist zwar nicht ganz ohne Hindernisse, aber dennoch ein brauchbares Fluggelände; die Häuser sind weit genug entfernt.

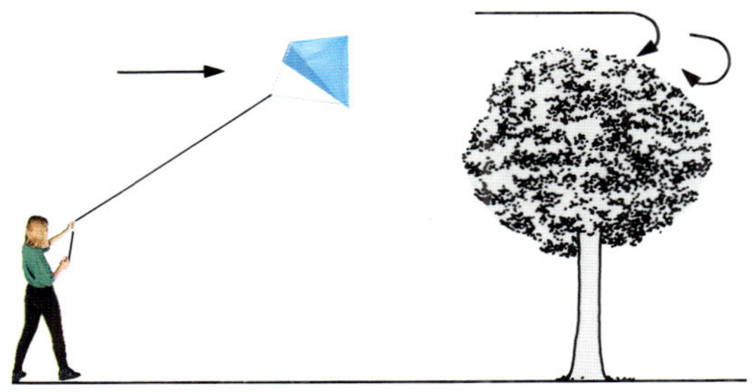

**Turbulenzen vermeiden**
Steht Ihnen kein ganz freies Gelände zur Verfügung, sollten Sie immer versuchen, die Startstelle im Luv (Richtung, aus der der Wind kommt) des jeweiligen Hindernisses (Baum, Gebäude) zu wählen.

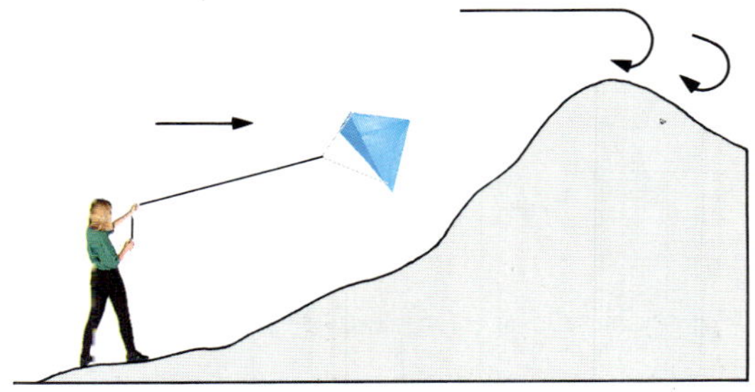

**Fliegen an einem Berghang**
Man kann einen Drachen auch am Hang fliegen. Dabei sollte man die Startstelle etwa auf halber Höhe der Windseite wählen. Wegen der möglichen Turbulenzen ist die Kuppe zu meiden.

## Messen der Windgeschwindigkeit

Grundsätzlich sind die meisten Drachen für einen bestimmten Windbereich konstruiert, wenngleich sehr viele auch bei ganz unterschiedlichen Windverhältnissen fliegen. Zur Messung der Windgeschwindigkeit dient ein Windmesser (s. Seite 41) oder die Beaufort-Skala. Diese wurde 1805 von Sir Francis Beaufort, einem britischen Admiral, zu dem Zweck aufgestellt, die Windstärke auf See und an Land anhand von Naturbeobachtungen, wie Rauch oder Bäumen, zu ermitteln. Die Skala beginnt bei Windstärke 0 (Flaute) und steigt bis Windstärke 12 (Sturm). Drachen sollte man nie bei Windstärken über 6 nach dieser Skala fliegen.

**Beaufort Wind Skala**

| Beschreibung | Was man sieht | Passende Drachentypen | Windgeschwindigkeit in km/h | Stärke in Beaufort |
|---|---|---|---|---|
| Windstille / Flaute | Rauch steigt senkrecht auf | | 0 bis 1,6 | 0 |
| Lüftchen | Rauch treibt |  | 3,2 | 1 |
| Leichte Brise | Blätter rascheln | Delta gleitet auch bei schwachem Wind | 8 | 2 |
| Sanfte Brise | Blätter bewegen sich | 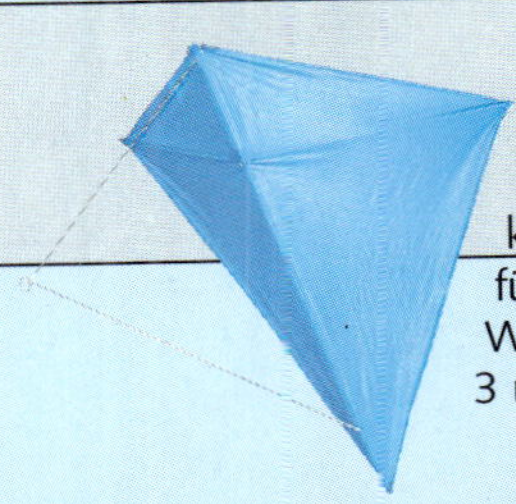 Gewölbte Drachen sind konstruiert | 16 | 3 |
| Mittlere Brise | Zweige bewegen sich | für die Windstärken 3 und 4 | 24 | 4 |
| Frische Brise | Kleine Bäume schwanken |  Kastendrachen sind konstruiert | 34 | 5 |
| Steife Brise | Dicke Äste bewegen sich | für die Windstärken 5 und 6 | 45 | 6 |

# EINLEINIGE DRACHEN

Drachen mit einer Leine sind einfach zu starten, zu fliegen und zu landen, ganz gleich, ob es sich um einen Kastendrachen oder etwa einen diamantförmigen Malaiendrachen handelt. Vor jedem Start sollte man prüfen, ob die Waage richtig eingestellt ist (s. Seite 45), die Stäbe sicher in ihren Taschen stecken, die Leine gut befestigt und der Schwanz nicht verheddert ist. Rennen Sie nicht, um den Drachen zu starten – es sei denn, Sie wollen trainieren. Zeigt der gestartete Drachen eine Tendenz zum Absacken, so zieht man die Leine ein oder bewegt sich rückwärts, damit er wieder steigt.

## Start mit kurzer Leine

Das ist die Standardmethode für den Start eines einleinigen Drachens. Wie aus der Bezeichnung schon hervorgeht, wird der Drachen an einem ganz kurzen Anfangsstück der Leine gestartet. Bekommt man ihn auf diese Weise nicht hoch, ist entweder der Drachen zu schwer, der Wind zu schwach, oder Luftturbulenzen in Bodennähe stören. Versuchen Sie dann den Start an langer Leine.

1 Stellen Sie sich mit dem Rücken zum Wind und halten Sie den Drachen in der einen, den Handgriff oder die Spule in der anderen Hand.

2 Lassen Sie den Drachen aus der Hand aufsteigen und zugleich etwas Leine abspulen. Der Wind ergreift die Segelfläche und hebt den Drachen empor. Jetzt geben Sie langsam mehr Leine.

## Start an langer Leine

Diese Startmethode wendet man an, wenn es an kurzer Leine nicht klappt oder wenn der Drachen wegen seiner Größe so dicht am Körper schlecht zu handhaben ist. Für den Start an langer Leine benötigt man eine Hilfsperson.

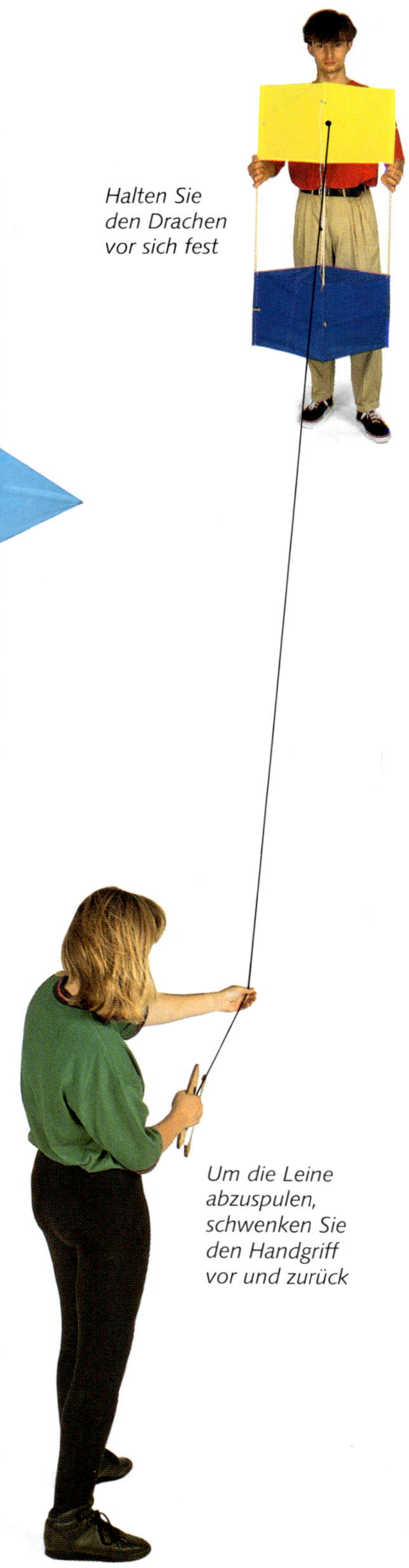


1 Halten Sie den Handgriff oder die Spule fest und bitten Sie Ihren Helfer, den Drachen zu nehmen und damit mit dem Wind rückwärts zu gehen, während Sie 9 – 15 m Leine abspulen.

2 Auf ein Zeichen von Ihnen hebt der Helfer den Drachen hoch und läßt ihn langsam los. Bewegen Sie sich rückwärts oder holen Sie Leine ein, um den Drachen zum Steigen zu bringen.

## Das Einholen

Mit dieser Methode holt man Drachen herunter, ob nun an langer oder kurzer Leine. Mit etwas Übung kann man einen Drachen so herunterwickeln, daß er aus dem Himmel direkt auf der Hand landet. Gewöhnlich fällt er aber dicht vor Ihnen auf den Boden.

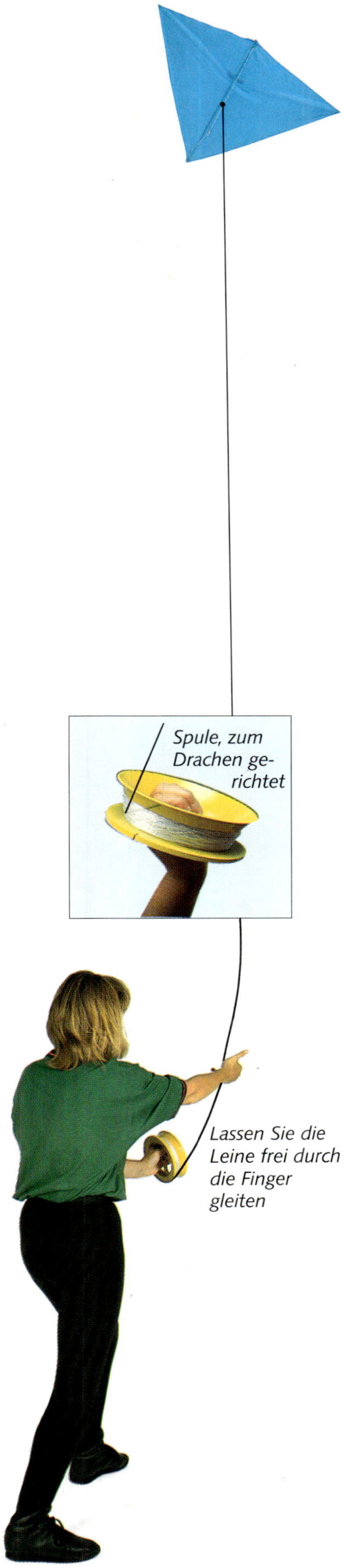


1 Um den Drachen einzuholen, wickeln Sie einfach die Leine auf den Handgriff oder die Spule.

2 Wenn bei Turbulenzen der Drachen anfängt, am Himmel zu tanzen, gibt man Leine nach, um seinen Flug zu stabilisieren, und holt anschließend wieder ein.

## „Herunterlaufen" eines Drachens

Wenn das Standard-Einholverfahren nicht klappt, weil der Drachen zuviel Zug ausübt, wählen Sie das nachfolgend beschriebene Verfahren.

**TIPS**

- **Eine sehr kräftige Büroklammer kann notfalls als Umlenkrolle dienen. Niemals die Leine durch die bloße Hand laufen lassen, denn sie würde die Haut verbrennen.**
- **Wird beim Herunterholen der Drachen wegen des steigenden Winddrucks instabil, sofort aufhören und warten, bis er wieder Stabilität erreicht.**

1 Verankern Sie die Leine, indem Sie sie an einem Erdanker oder einem Baum gut festbinden.

2 Haken Sie eine Umlenkrolle über die Drachenleine, halten Sie sie am Handgriff unten fest und laufen Sie mit dem Wind auf den Drachen zu. Auf diese Weise wird der Drachen heruntergezogen.

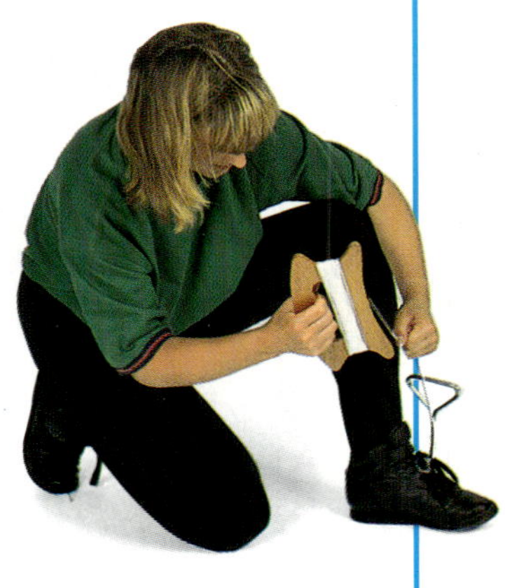

3 Hat man den Drachen erreicht, legt man ihn auf den Rücken und hängt die Umlenkrolle aus. Dann trennt man den Drachen von der Leine.

4 Vom Verankerungsplatz aus windet man die Leine wieder auf Handgriff oder Spule auf.

# Kampfdrachen

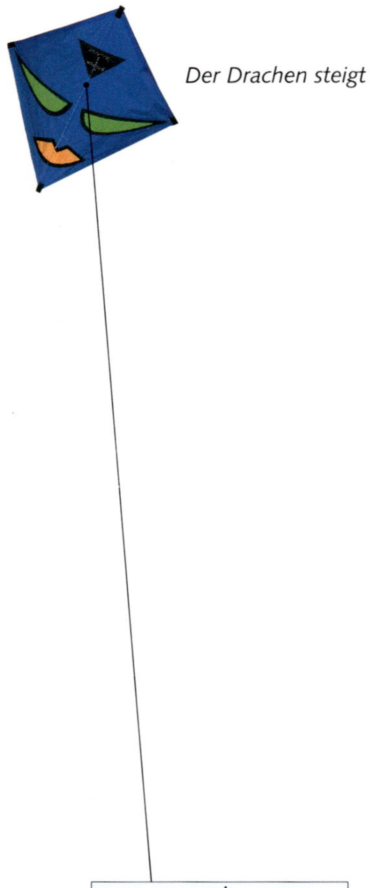


Drachenkampf als Wettbewerbssport ist seit Jahrhunderten bekannt. Er bringt Spaß und Aufregung, erfordert aber zugleich Geschicklichkeit, rasches Reaktionsvermögen und absolute Konzentration, damit die Leine des eigenen Drachens nicht im Nu von einem der Konkurrenten zerschnitten wird. Als Anfänger sollte man seinen Drachen mit einem langen Plastikschwanz versehen, das bremst seine Bewegungen. Mit mehr Erfahrung kann man den Schwanz verkürzen, und später geht es dann ganz ohne. Üblicherweise fliegen Kampfdrachen an Leinen, die mit Glaspulver armiert sind, aber zum Erlernen sind Standardleinen sicherer.

## Starten eines Kampfdrachens

Am einfachsten gelingt der Start eines Kampfdrachens, wenn einem jemand hilft. Man steht immer mit dem Rücken zum Wind.

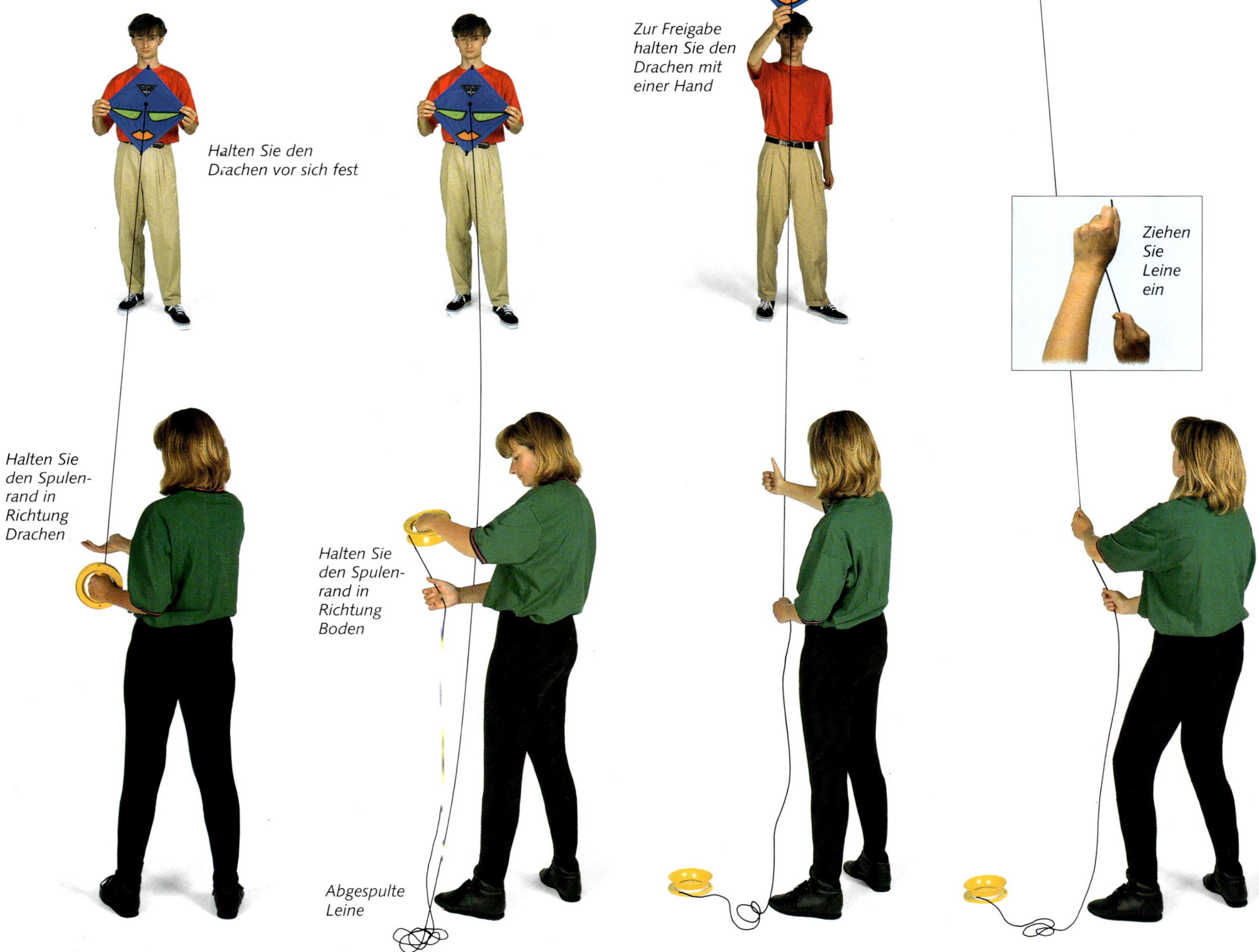


1 Halten Sie den Handgriff oder die Spule und lassen Sie den Helfer mit dem Drachen rückwärts laufen, während Sie 9–15 m Leine abspulen.

2 Spulen Sie zusätzlich noch einige Meter Leine vor sich auf den Boden ab, und legen Sie dann auch Handgriff oder Spule seitlich daneben.

3 Ergreifen Sie die Leine über dem Leinenhäufchen. Auf ein Zeichen von Ihnen sollte Ihr Helfer den Drachen anheben und vorsichtig loslassen.

4 Holen Sie die Leine Hand über Hand ein, um den Drachen zum Steigen und aus den Bodenturbulenzen herauszubringen.

## Steuern eines Kampfdrachens

Versuchen Sie zunächst, den Drachen auf etwa 60 m Höhe zu bringen, denn je näher er bei Ihnen steht, um so schneller müssen Ihre Reaktionen sein. Die nachfolgend beschriebenen Schritte müssen Sie wahrscheinlich mehrere Male wiederholen, um diese Höhe zu erreichen. Ist der Drachen oben, üben Sie so lange, ihn zu steuern, bis er so fliegt, wie Sie es wollen.

**TIPS**

- **Wenn der Drachen zu weit nach einer Seite fliegt, wird sein Flug instabil. Ziehen Sie die Leine ein und lassen Sie sie auf das Häufchen fallen.**
- **Behalten Sie immer genug Leine auf dem Häufchen, um schnell Leine nachrutschen zu lassen, wenn sich der Drachen in geringer Höhe gegen den Boden wendet.**

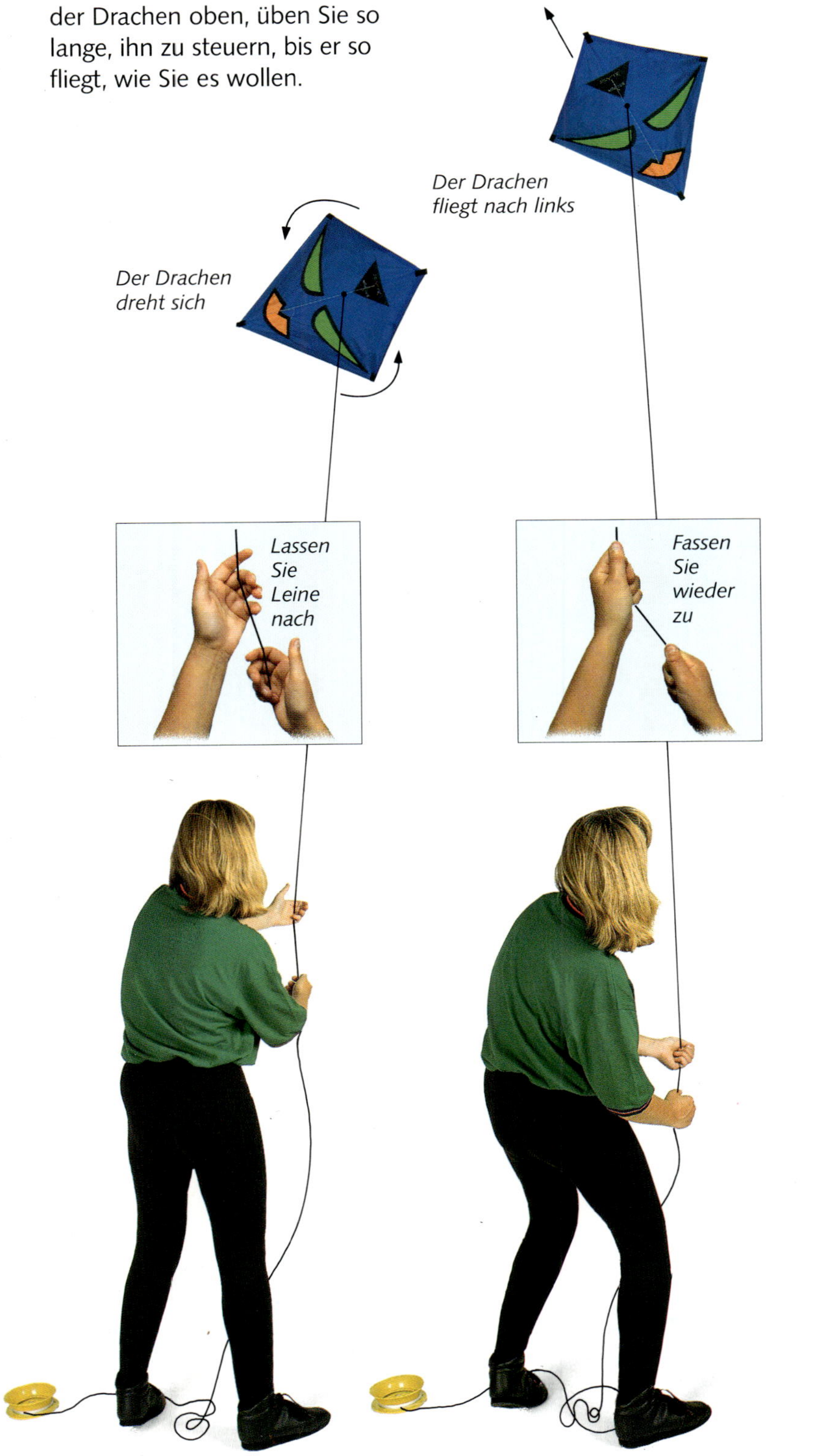


**1** Lassen Sie die Leine durch die Finger gleiten. Der Drachen dreht und sackt langsam ab. Durch Nachgeben von Leine läßt man ihn langsam mit dem Wind treiben.

**2** Zeigt der Bug in die von Ihnen gewünschte Richtung (nach oben, um Höhe zu gewinnen), ziehen Sie die Leine wieder an. Der Drachen fliegt nun in dieser Richtung los.

## Einholen eines Kampfdrachens

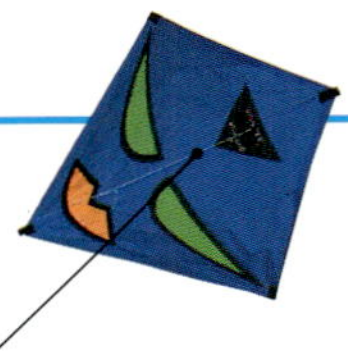

Holen Sie die Leine einfach Hand über Hand ein und lassen Sie sie auf den Boden fallen.

## So greift man an

Ziel ist, die Leine des Gegners zu zerschneiden, bevor er die eigene Leine zerstört. Man muß also versuchen, die eigene Leine schnell gegen die des Gegners zu bringen. Am besten gelingt das, wenn Sie mit Ihrer Leine unter die des Gegners gelangen und diese anheben können. Wird man angegriffen, so läßt man rasch Leine nach, damit sich die Reibung auf möglichst viel Leinenoberfläche verteilt.

# LENKDRACHEN

Das Steuern eines Lenkdrachens erschließt jedem, schon bei den einfachsten Manövern, eine neue Dimension des Drachenfliegens. Hat man einen Einleinendrachen erst einmal in die Luft gebracht, kann man das Schauspiel dann einfach genießen. Ein Lenkdrachen dagegen muß ununterbrochen gelenkt werden, damit er am Himmel bleibt. In der Regel sollte man mit einer Leinenlänge von 45–60 m fliegen, mit steigender Erfahrung kann dieser Abstand verringert werden; je kleiner die Entfernung, um so rascher müssen Sie reagieren. Bei Ihrem ersten Versuch sollten Sie sich zunächst einmal das Gefühl für Ihren Lenkdrachen erarbeiten, bevor Sie mit Flugmanövern beginnen.

## Start im Alleingang

Das Starten eines Kunstflugdrachens ohne Hilfe ist recht einfach. Mit dem Rücken zum Wind legt man den Drachen aus. Achten Sie darauf, daß die Leinen gleich lang sind und nicht übereinander zu liegen kommen.

**TIPS**

- **Halten Sie Ihre Hände während des Starts dicht beieinander, um den Drachen senkrecht nach oben zu steuern.**
- **Dreht der Drachen zu einer Seite weg, steuern Sie ihn durch Ziehen der gegenüberliegenden Leine wieder zurück.**
- **Der Helfer kann den Drachen auch vor sich auf den Boden stellen und nur mit der Hand gegen den Wind neigen.**

*Der Bug ist gegen Sie gerichtet*

1 Legen Sie den Drachen mit der Vorderseite auf den Boden und bewegen Sie sich rückwärts, indem Sie die Leinen in ihrer ganzen Länge abspulen.

2 Drehen Sie einen Erdanker oder schlagen Sie einen Zelthering in den Boden, um die Handgriffe daran festzuhängen.

3 Gehen Sie zum Drachen zurück. Heben Sie ihn an und setzen Sie ihn auf seine Hinterkante, leicht nach hinten geneigt, damit ihn der Wind nicht anheben kann.

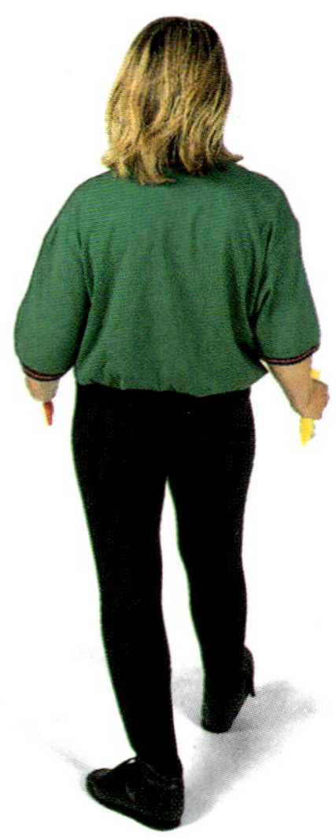

*Wählen Sie Griffe mit unterschiedlichen Farben für jede Hand*

*Bewegen Sie sich rückwärts*

4 Gehen Sie zu den Handgriffen. Nehmen Sie den linken Griff in die linke, den rechten in die rechte Hand. Wenn Sie sich jetzt nach hinten bewegen und die Leinen straffen, startet der Drachen.

## Start mit einer Hilfsperson

Einen Lenkdrachen zu starten gelingt oft leichter, wenn man einen Helfer hat.

*Halten Sie den Drachen vor sich fest*

*Bewegen Sie die Griffe zum Abwickeln auf und ab*

1 Halten Sie die Griffe und bitten Sie Ihren Helfer, mit dem Drachen rückwärts mit dem Wind zu gehen, während Sie die Leinen von den Handgriffen abwickeln.

## Das Steuern

Bei Ihrem ersten Start lassen Sie den Drachen erst einmal so hoch steigen, wie es geht. Das Üben von Flugfiguren zu nahe über dem Erdboden könnte leicht zum Absturz des Drachens führen. Nun machen Sie die ersten vorsichtigen Steuerbewegungen, wie sie unten beschrieben werden, um das Gefühl für den Drachen zu bekommen. Denken Sie daran, daß die Reaktion Ihres Drachens auf Ihre Steuerbewegung von seiner momentanen Stellung abhängt.

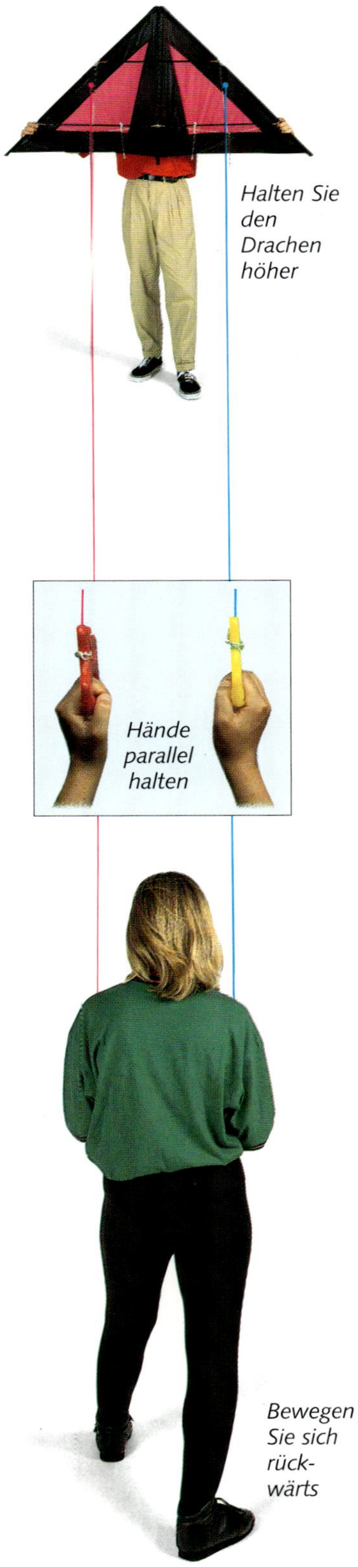


2 Auf Ihr Zeichen hebt die Hilfsperson den Drachen hoch und startet ihn vorsichtig. Bewegen Sie sich rückwärts, um den Drachen hochzuziehen.

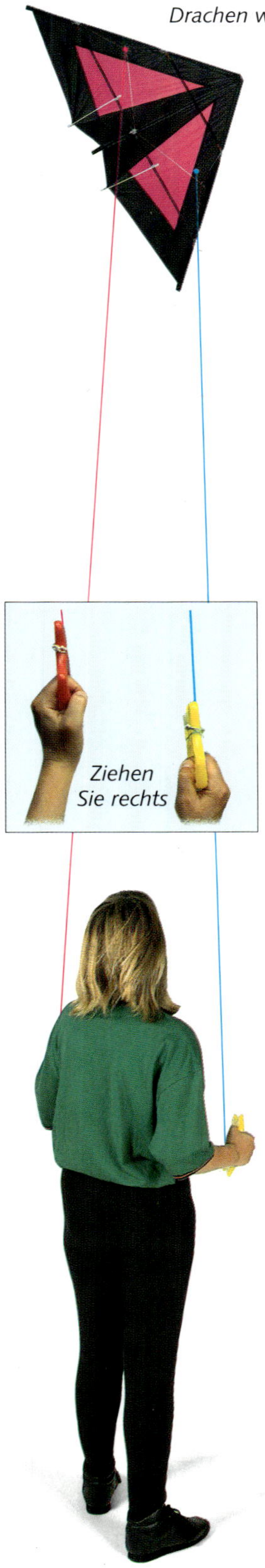


**Nach rechts steuern**
Ziehen Sie vorsichtig die rechte Hand gegen sich; der Drachen wendet sich aus seiner bisherigen Position nach rechts.

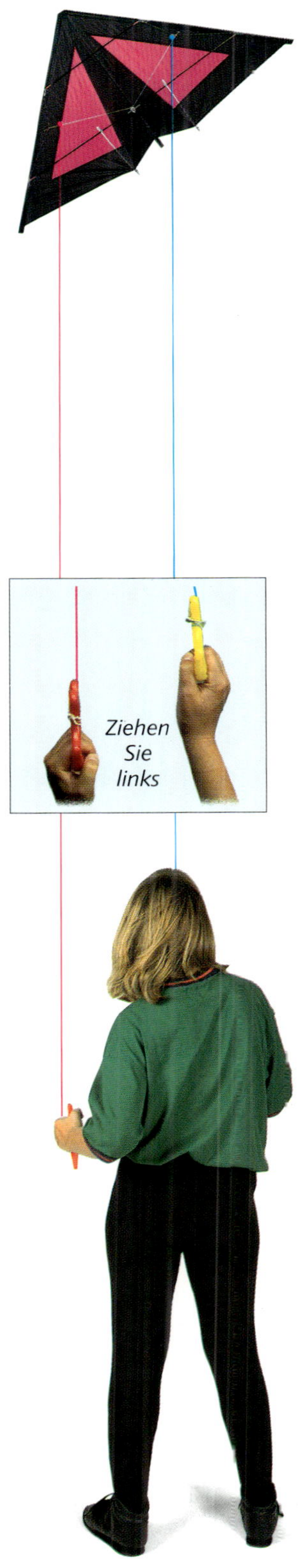


**Steuern nach links**
Ziehen Sie vorsichtig die linke Hand gegen sich; der Drachen wendet sich aus seiner bisherigen Position nach links.

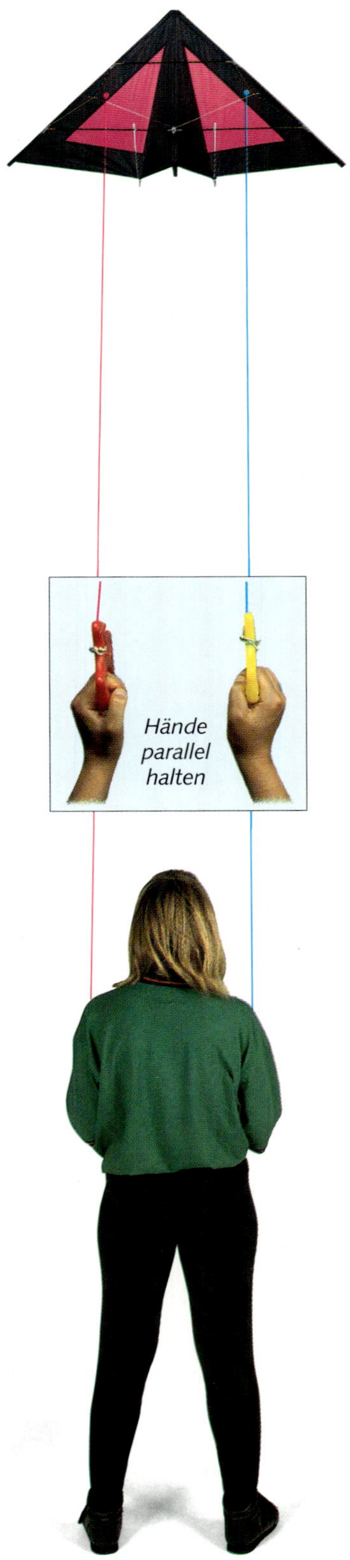


**Geraden Kurs einhalten**
Halten Sie Ihre Hände genau parallel, wohin Sie sich auch wenden.

## Der einfache Looping

Mit dem Looping, der wichtigsten Grundfigur des Kunstflugs, erlernen Sie die Steuerung des Drachens. Zuerst hält man die Hände ganz zusammen, was einen großen Looping ergibt. Je weiter man sie später auseinander hält, um so kleiner wird er ausfallen. Hat man eine Anzahl von Loopings in einer Richtung geflogen, dann muß man die gleiche Anzahl in der Gegenrichtung anschließen, um die Leinen wieder zu entwirren.

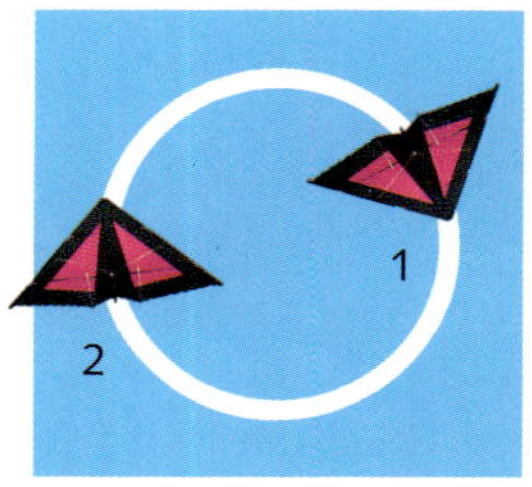


Der Looping

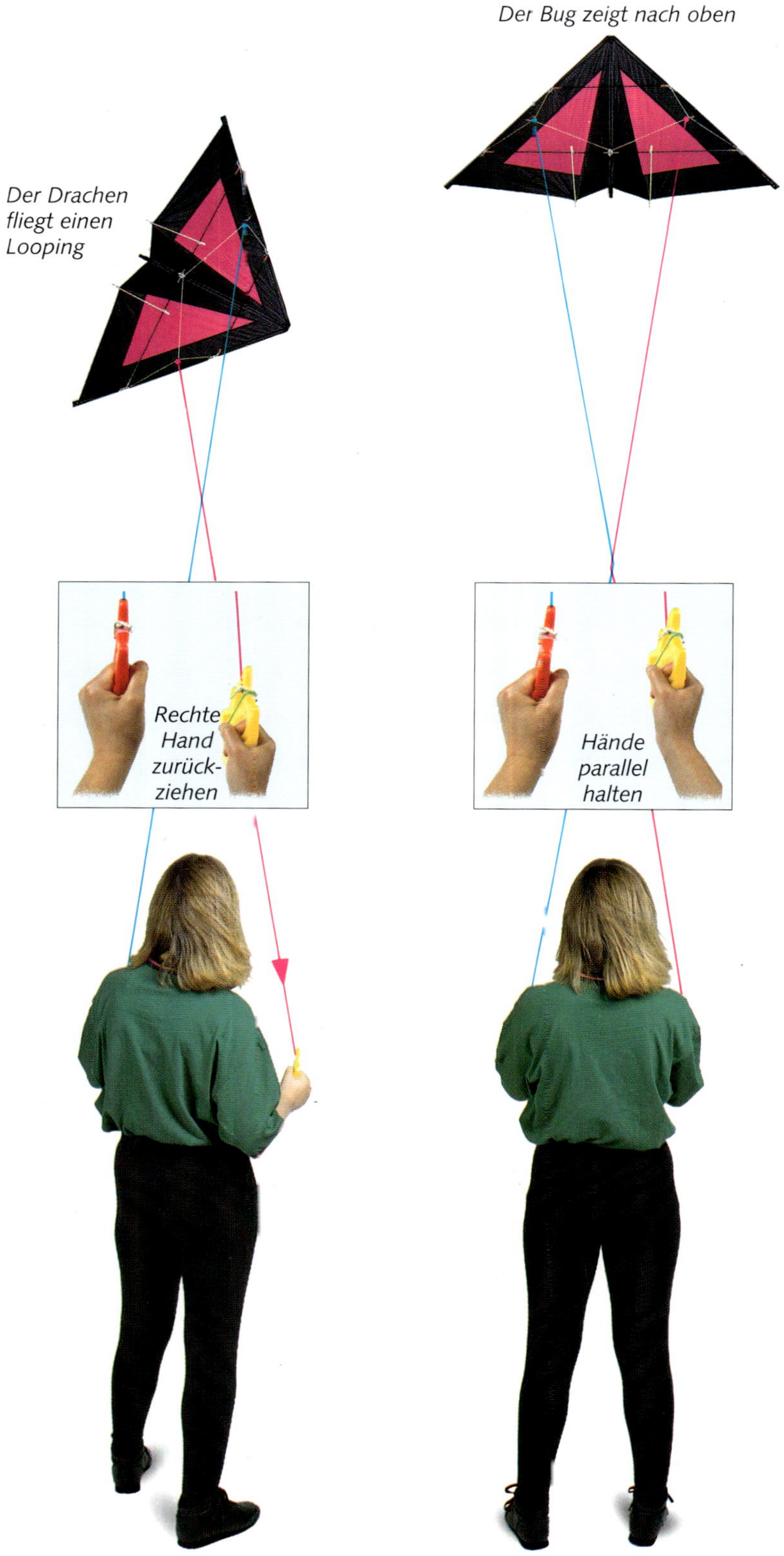


1 Ziehen Sie die rechte Hand zurück und halten Sie sie in dieser Stellung, bis der Drachen einen Looping geflogen hat.

2 Zeigt der Bug wieder nach oben, bringen Sie Ihre Hände in die gleiche Höhe. Lassen Sie den Drachen so hoch wie möglich aufsteigen.

## Die liegende Acht

Diese einfache Figur ergibt sich aus dem Looping. Üben Sie sie so oft wie möglich, um Ihre Technik zu vervollkommnen. Ziel ist, den Kreuzungspunkt immer genau an der gleichen Stelle im Windfenster zu plazieren.

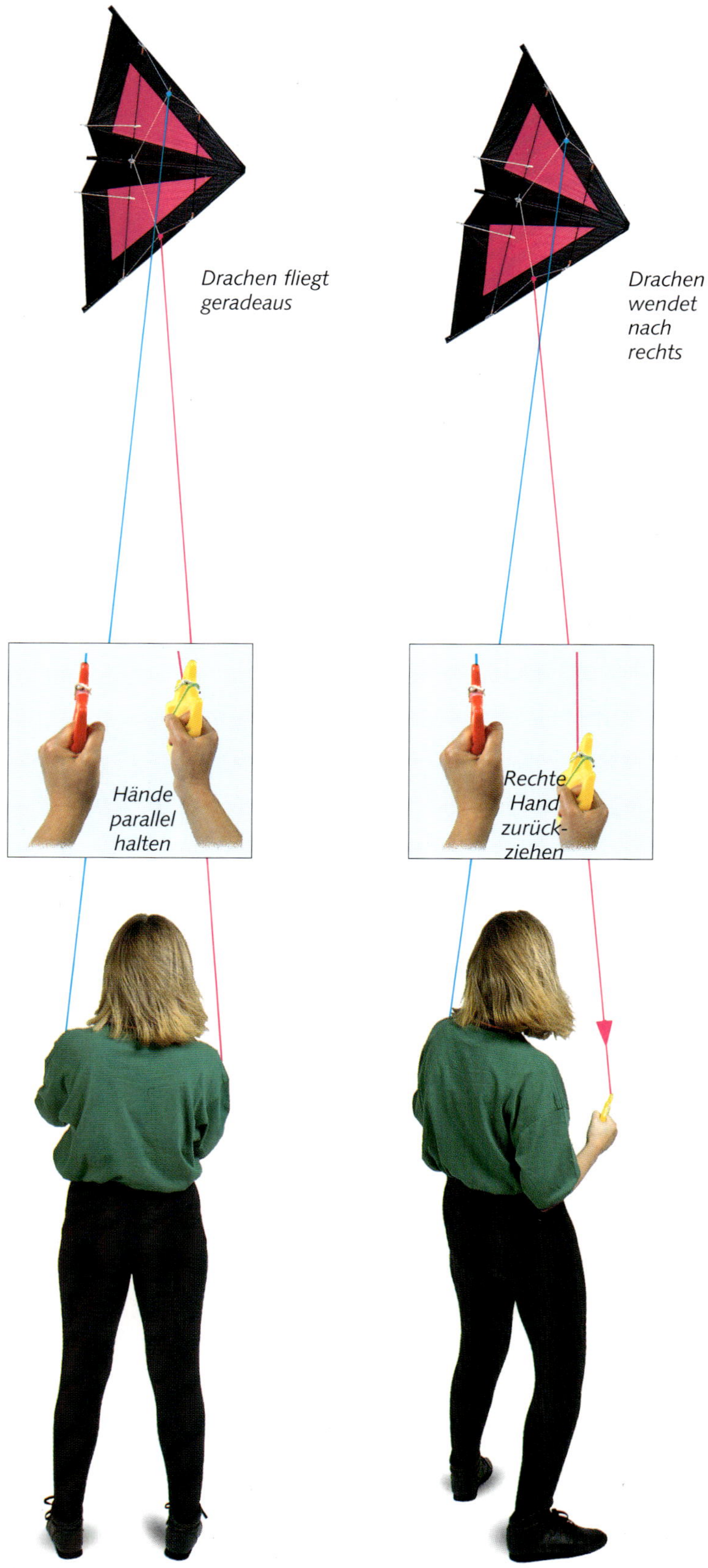


1 Man beginnt mit parallel gehaltenen Händen und läßt den Drachen geradeaus in einer Richtung fliegen.

2 Bewegen Sie vorsichtig Ihre rechte Hand auf sich zu, um den Drachen nach rechts zu wenden.

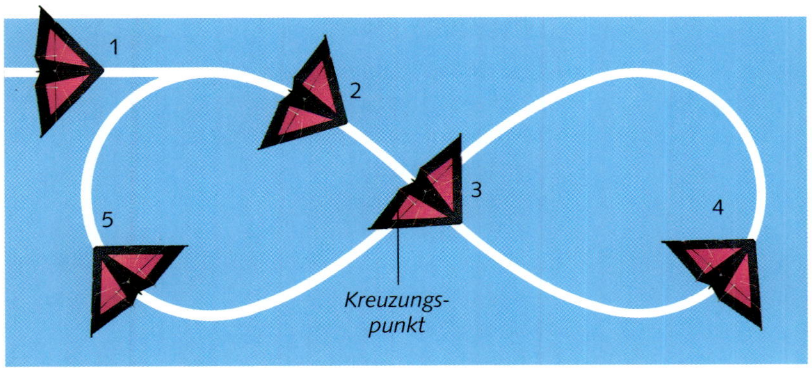


Die liegende Acht

**TIPS**

- **Halten Sie Ihre Hände immer gleich weit auseinander, damit die Acht symmetrisch gerät.**
- **Die Handbewegungen behutsam ausführen, damit saubere, runde Figuren entstehen.**
- **Die Größe der Flugfigur wird durch den seitlichen Abstand der Hände bestimmt.**

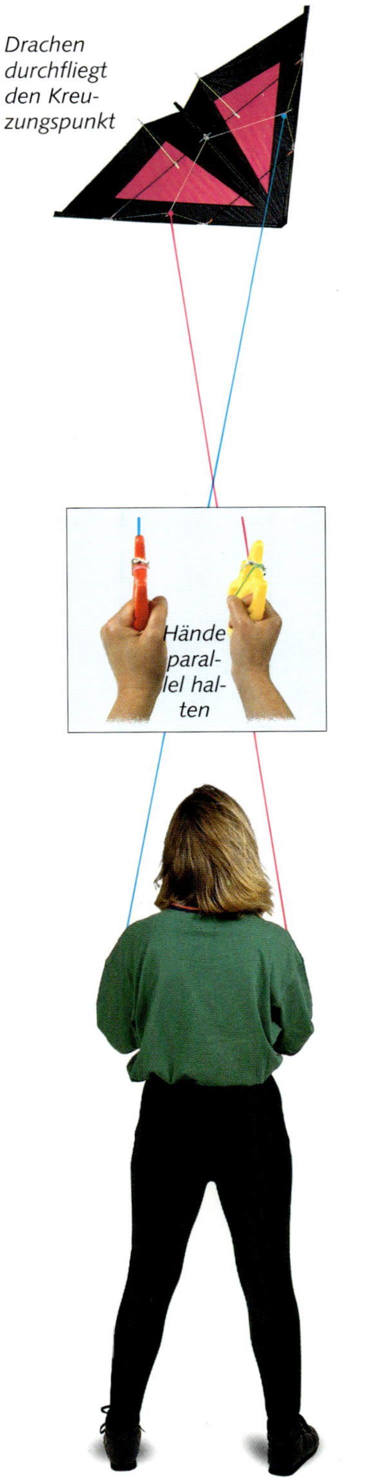


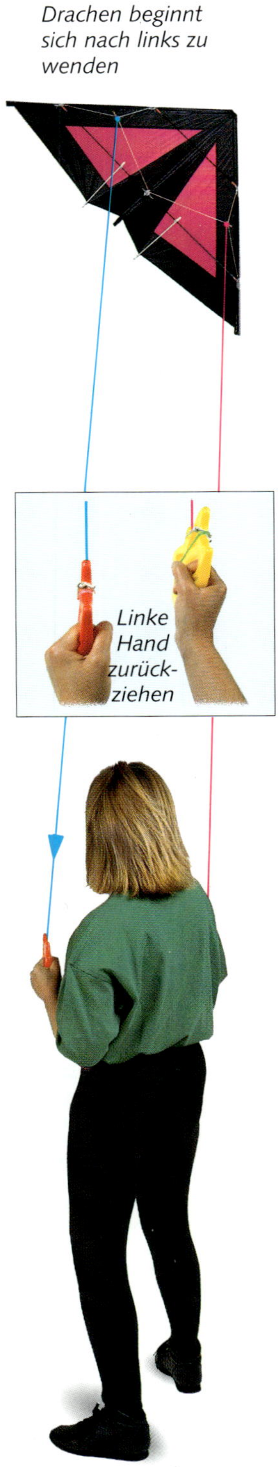


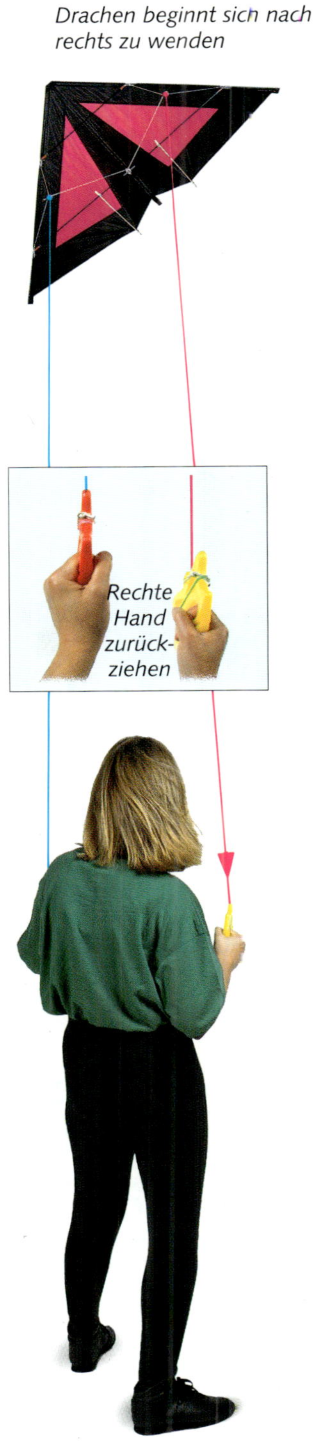


**3** Bewegen Sie Ihre rechte Hand nach vorn, bis sie wieder parallel zur linken steht. Jetzt fliegt der Drachen durch den Kreuzungspunkt.

**4** Ziehen Sie Ihre rechte Hand zurück, um den Drachen nach links zu wenden. Halten Sie sie wieder parallel, durchfliegt der Drachen erneut den Kreuzungspunkt.

**5** Ziehen Sie vorsichtig die rechte Hand zurück und vollenden Sie die Drehung im Uhrzeigersinn, bis wieder Position wie vor Schritt 2 erreicht ist.

## Standard-Landung

Diese einfache Methode ist der leichteste Weg, einen Lenkdrachen zu landen, und daher ein Muß für jeden Anfänger des Drachenkunstflugs.

**1** Halten Sie eine Hand über die andere und steuern Sie den Drachen parallel zum Erdboden, so weit dies geht.

**2** Hat der Drachen diesen Punkt erreicht, schieben Sie die linke Hand nach vorn und bewegen Sie sich gleichzeitig vorwärts. Der Drachen fällt dann sanft herunter.

## Der Sturzflug

Der Sturzflug ist ein Zwischenmanöver, mit dessen Hilfe man lernen kann, die Geschwindigkeit des Drachens und die Ausführung enger Kurven zu beherrschen. Man beginnt diese Figur mit dem Steuern des Drachens in größtmöglicher Höhe parallel zum Erdboden.

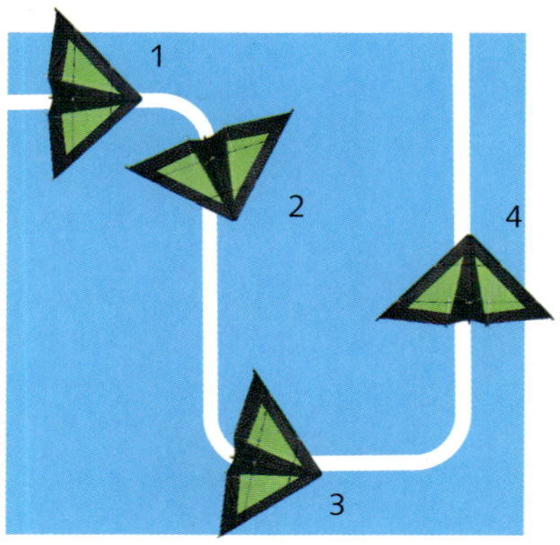


Das Sturzflug-Manöver

## Zwischenlandung

Diese einfache Erweiterung des Sturzfluges erlaubt Ihnen, den Drachen auf seiner Hinterkante zwischenzulanden und nachher wieder zu starten. Folgen Sie den Anweisungen zum Sturzflugprogramm bis Position 3. Sobald der Bug wieder nach oben zeigt, machen Sie einen großen Schritt vorwärts und setzen den Drachen mit seiner Hinterkante auf den Boden auf.

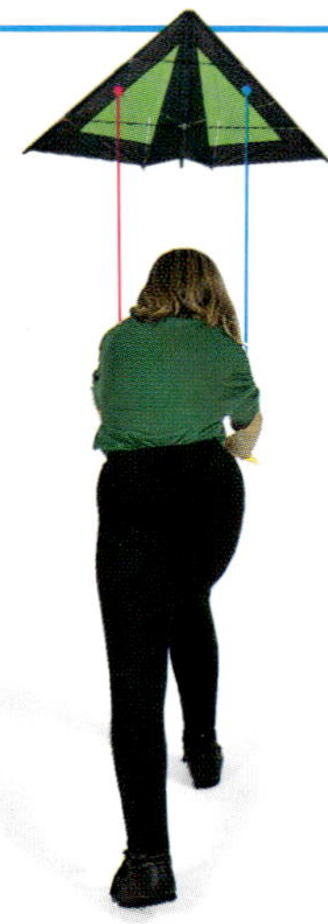

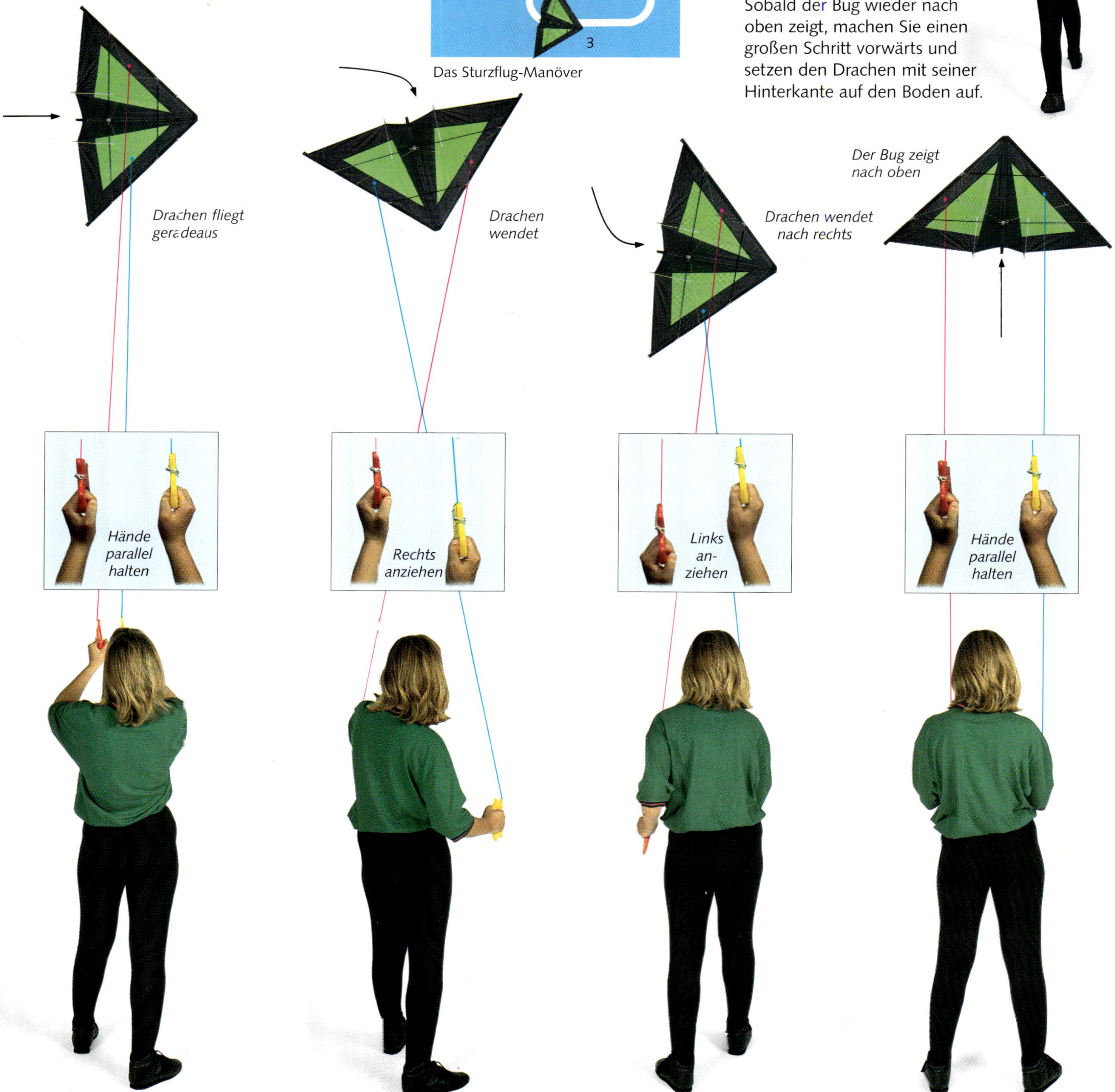


1 Halten Sie Ihre Hände parallel und steuern Sie den Drachen parallel zum Erdboden.

2 Ziehen Sie scharf mit der rechten Hand, damit der Drachen eine enge Rechtskurve fliegt. Stellen Sie die Hände wieder parallel. Der Drachen stößt nach unten auf den Boden zu.

3 Wenn der Drachen fast den Erdboden erreicht hat, ziehen Sie scharf mit der linken Hand. Der Drachen wendet nach rechts.

4 Sobald der Bug nach oben zeigt, stellen Sie Ihre Hände wieder parallel. Der Drachen beginnt aufzusteigen. Wenn er den höchsten Punkt erreicht hat, gilt die Flugfigur als beendet.

## Das Rechteck

Nach dem Sturzflug können Sie nun eine weitere Flugfigur üben, das Rechteck. Beginnen Sie wie beim Sturzflug. Versuchen Sie, möglichst enge 90°-Kurven zu fliegen und die geraden Seiten des Rechtecks sauber auszufliegen, indem Sie die Hände in gleichem Abstand halten. Der Drachen sollte mit gleichbleibender Geschwindigkeit fliegen.

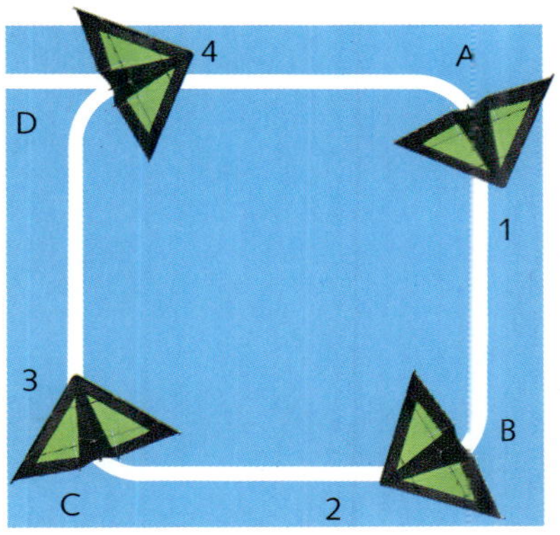

So sieht die Rechteck-Flugfigur aus

**TIPS**

- **Fliegen Sie den Drachen anfangs nicht zu nahe über dem Boden, damit er nicht abstürzt.**
- **Die Geschwindigkeit steigt, wenn der Drachen tiefer fliegt. Bewegen Sie sich nach vorn, um die Geschwindigkeit zu bremsen.**
- **Nach einer Wende, also nach Umkehr seiner Flugrichtung, steigt der Drachen nur langsam. Durch Rückwärtsbewegung kann man die Geschwindigkeit wieder steigern.**

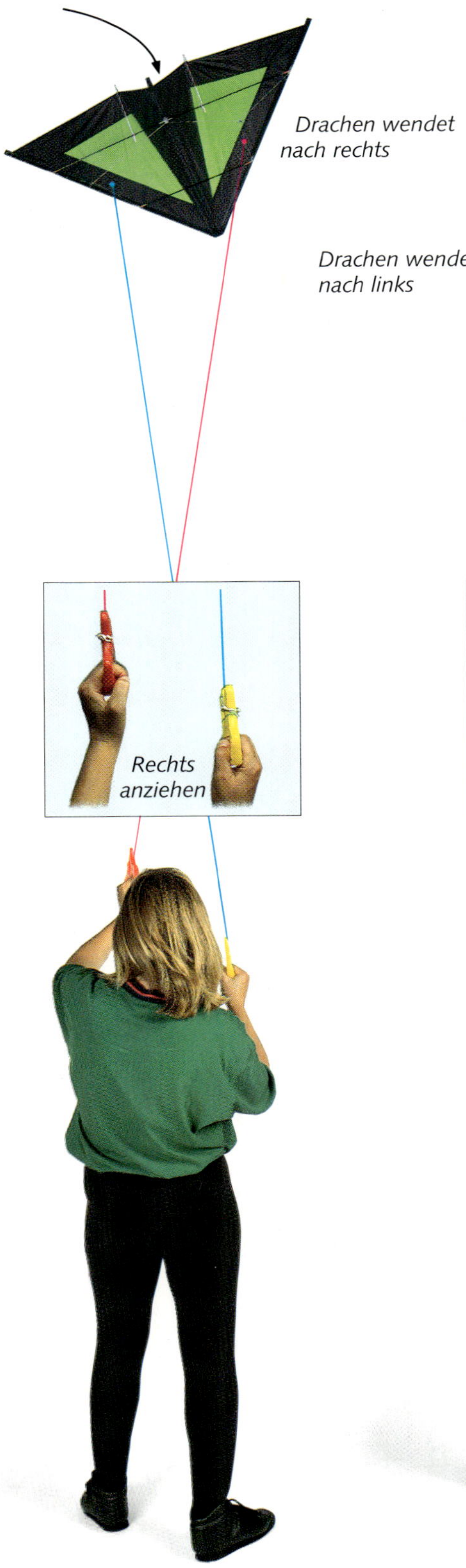


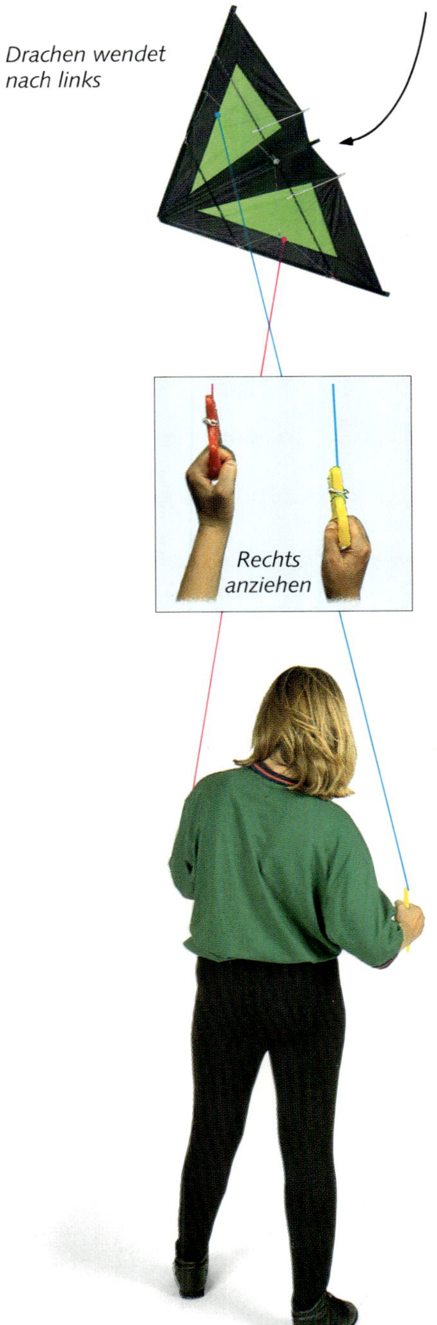


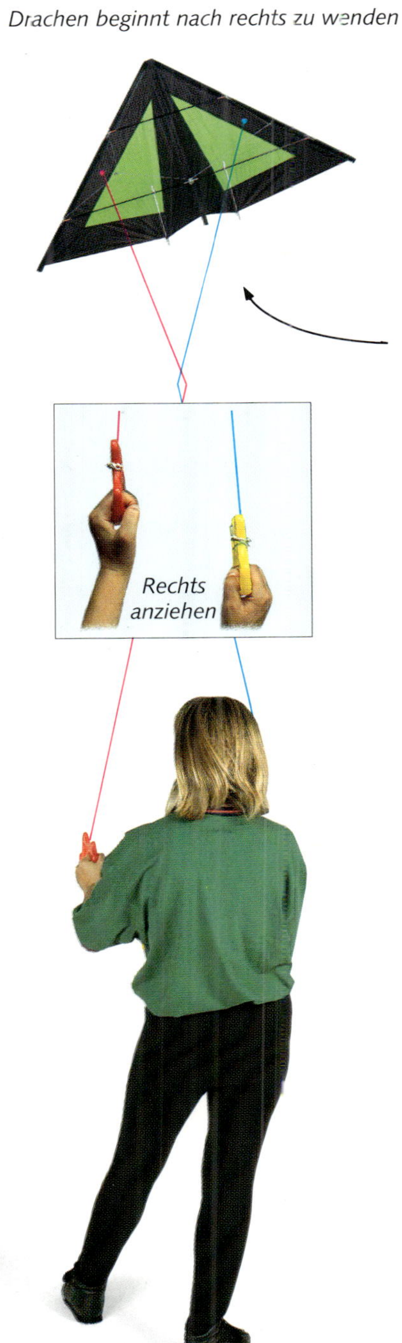


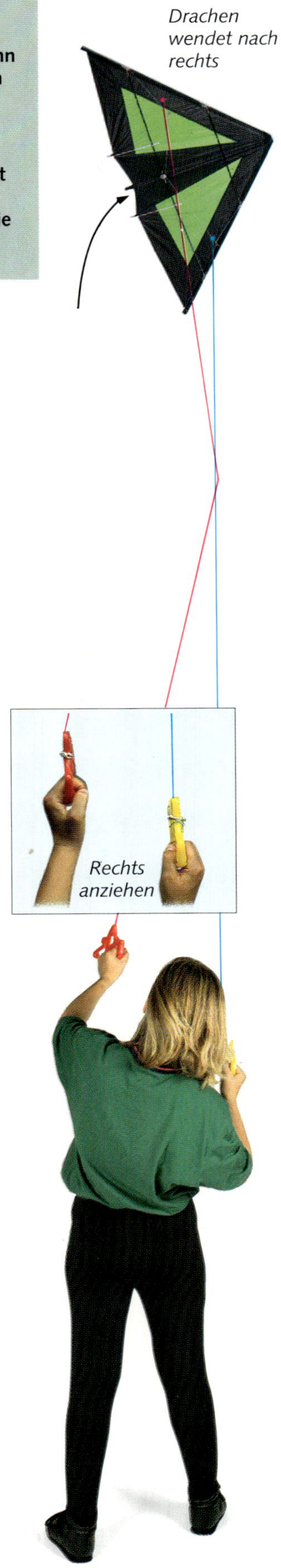


**1** Steuern Sie den Drachen parallel zum Boden. Bei A rechts scharf ziehen, so daß der Drachen eine enge Linkskurve ausführt. Dann die Hände wieder parallel stellen, damit er geradeaus fliegt.

**2** Bei B scharf mit der rechten Hand ziehen, damit sich der Drachen wieder nach links wendet. Nun die Hände wieder parallel stellen. Der Drachen fliegt parallel zum Erdboden.

**3** Wenn der Drachen Position C erreicht hat, wieder rechts anziehen, um die dritte Ecke des Rechtecks zu vollenden. Parallelstellung der Hände steuert den Drachen nach oben.

**4** Bei D folgt wieder eine enge Rechtskurve. Dann Hände parallel stellen, damit der Drachen wieder geradeaus und parallel zum Erdboden fliegt.

100% Polyester
W-Germany
Gütermann 1000 m

# DRACHEN BAUEN

*Fünf Drachenmodelle können Sie anhand der folgenden Bauanleitungen nachbauen. Am besten fangen Sie mit einem einfachen Drachen an, etwa dem Simple Sled, bevor Sie sich den etwas komplizierteren Modellen zuwenden. Eine Übersicht über das Angebot an Materialien, Werkzeug und Zubehör sowie eine Einführung in die Arbeitstechniken sind den Bauanleitungen vorangestellt.*

# MATERIAL UND WERKZEUG

Die meisten der hier abgebildeten Materialien kann man in Drachenläden und im Drachen-Versandhandel kaufen, aber auch in Bergsteigerläden findet man viele Dinge, wie etwa Gurtbänder oder dickere Kletterseile. Maßgebend für die Materialauswahl ist natürlich der Drachentyp, den man bauen will. Zum Beispiel sind Glasfaserstäbe ideal für den flexiblen Bugbogen eines Kampfdrachens, doch für das steife Gerüst eines Kastendrachens taugen sie nicht; hierfür sind runde Holzstäbe am besten. Nützliches für den Drachenbau ist oft sogar im Haushalt vorhanden. Manche Werkzeuge, wie etwa ein Schneidezirkel, bringen zwar rasche und genaue Ergebnisse, sind aber nicht unbedingt notwendig.

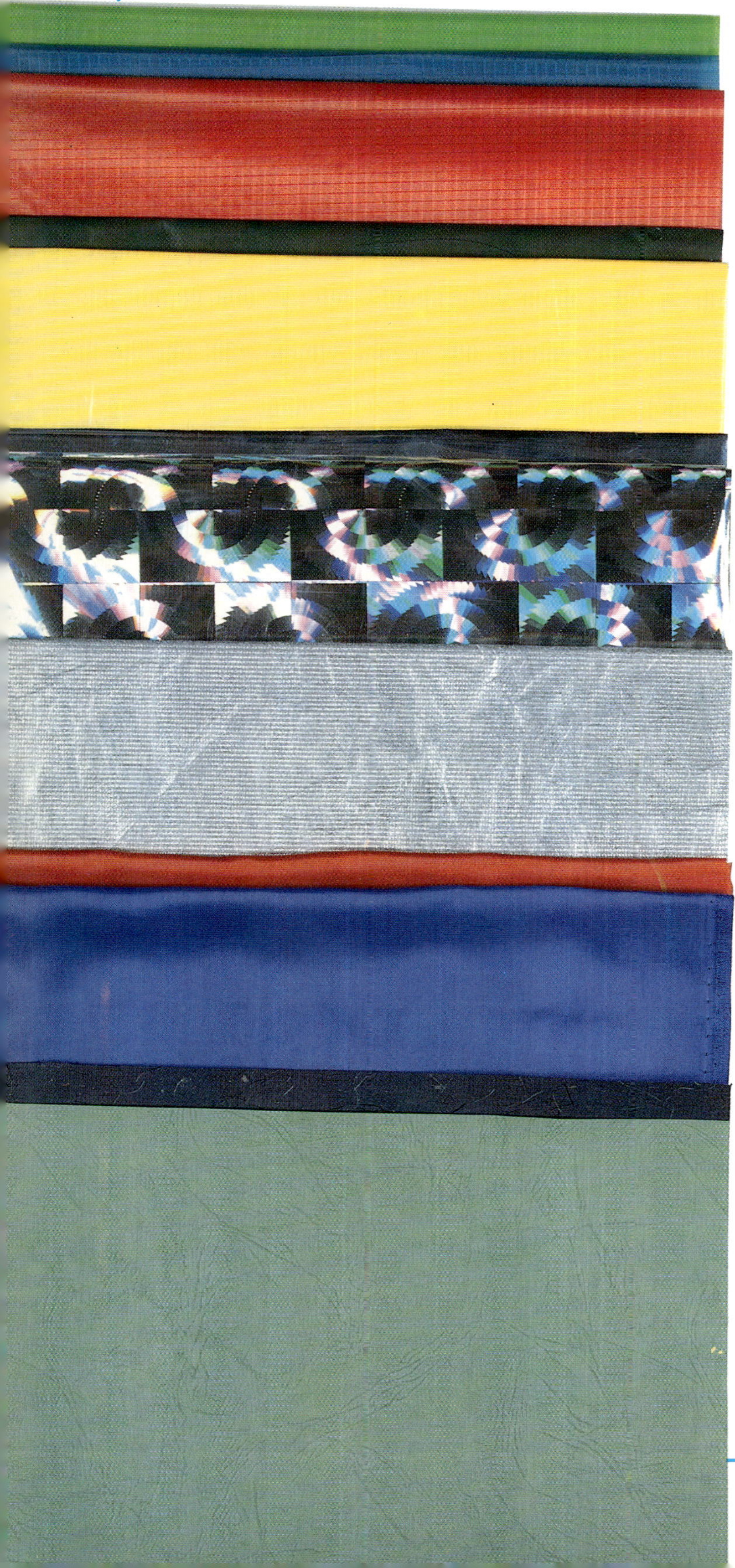

## Bespannmaterialien und Garne

**Spinnakernylon (Ripstop Nylon)**
Wegen seiner Leichtigkeit, verbunden mit hoher Festigkeit, ist es das ideale Bespannmaterial und in allen Regenbogenfarben erhältlich.

**Plastikfolie**
Ein gutes, billiges Bespannmaterial für einfachere Drachen. Von leichten Einkaufstüten bis hin zu dickeren, festen Müllsäcken kann alles Verwendung finden.

**Mylar**
Eine reißfeste, leichte Kunststoffolie, die sich nicht so stark wie Plastik dehnt. Sie ist ideal für einfachere Drachen.

**Tyvek**
Ein synthetisches Material, ähnlich wie Papier hergestellt und sehr reißfest. Leider nicht überall erhältlich.

**Seide**
Für besonders anmutige, elegante Drachen wird sie seit altersher verwendet. Allerdings teuer und schwierig zu verarbeiten.

**Papier**
Von Seidenpapier bis zu reichverziertem Origamipapier – aus den verschiedensten Papierarten können sehr dekorative, wenn auch empfindliche Drachen entstehen.

**Garn**
Am besten eignen sich Polyestergarne, weil Garn aus Baumwolle verrotten kann.

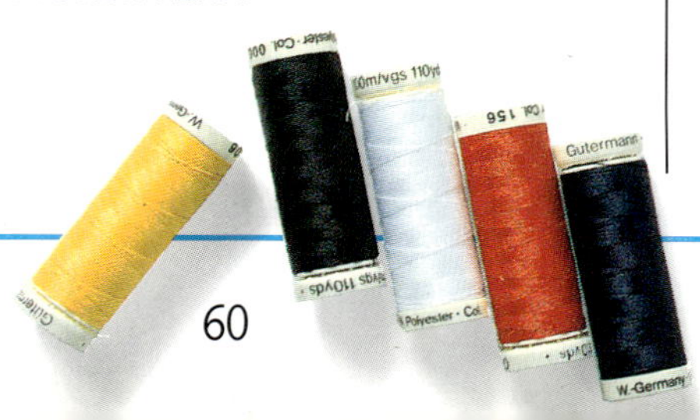

## Klebebänder

**Spinnakerband**
Band mit selbstklebendem Rücken, nützlich für Schnellreparaturen, Verzierungen oder zur Verstärkung höher beanspruchter Stellen.

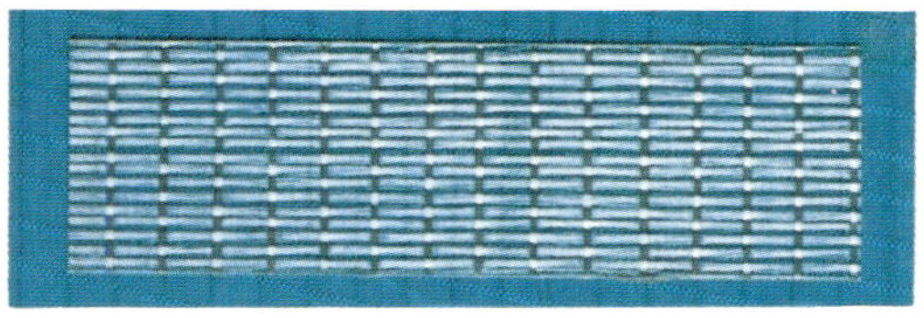

**Verstärktes Klebeband**
Es ist mit Fiberglasfasern verstärkt und wird für die Befestigung der Stäbe einfacher Drachen oder der Kunststoffschläuche von Lenkdrachen benutzt.

**Gurtband**
Man verstärkt damit die Vorderkanten von Kampfdrachen oder bei großen Drachen die Stellen, die höherer Beanspruchung ausgesetzt sind.

**Dacronband**
Daraus werden die Taschen der Vorderstäbe von großen Lenkdrachen genäht, weil es mehr Abrieb als Spinnakertuch verträgt.

**Doppelseitiges Klebeband**
Nützlich bei Reparaturen und für Verstärkungen.

**Einfaches Klebeband**
Bei einfachen Drachen befestigt man damit das Gestänge und verstärkt auch die Befestigungsstellen der Waageleinen oder der Drachenleine.

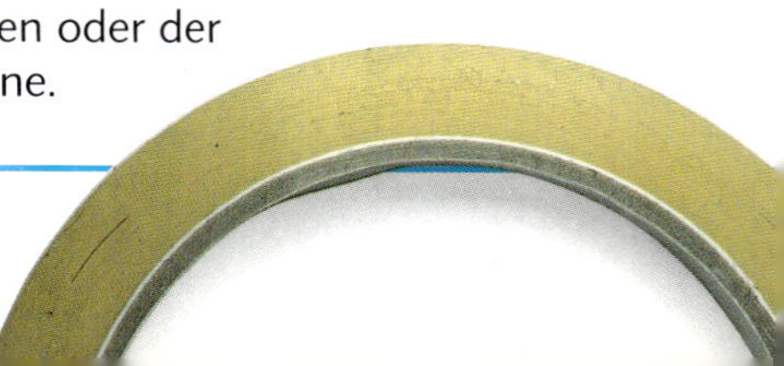

## Drachenleinen

### Nylon-/Polyesterleinen

Das überall erhältliche, billige Standardmaterial mit glatter oder rauher Oberfläche und in verschiedenen Stärken und Flechtarten.

*Dünne geflochtene Leinen sind ideal für kleinere Drachen*

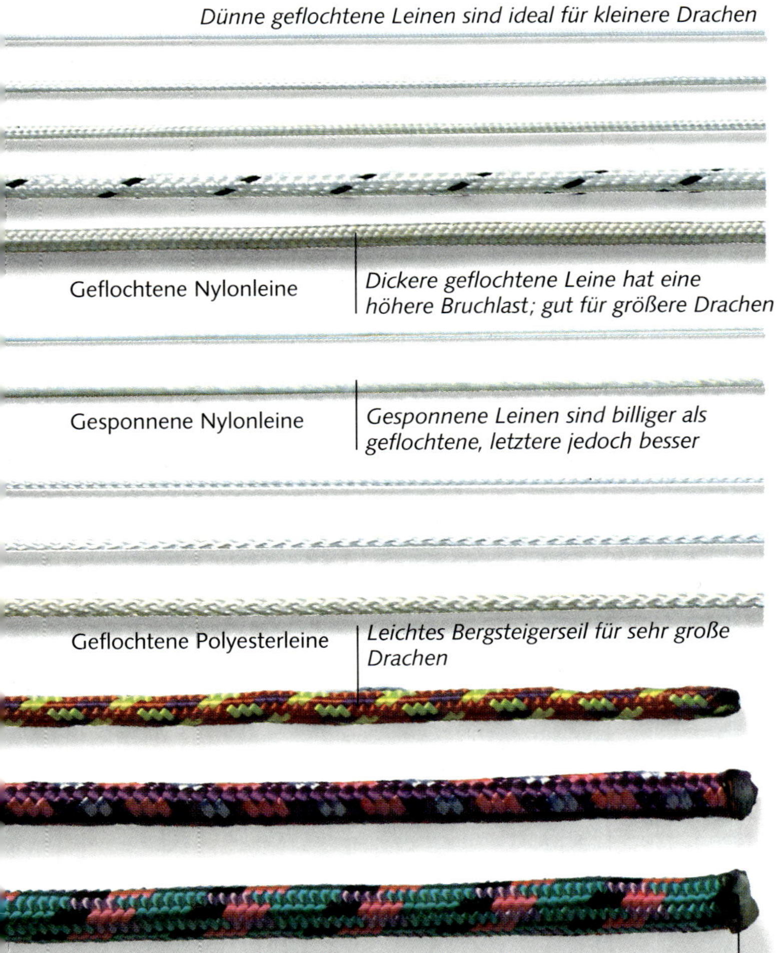


*Dickere geflochtene Leine hat eine höhere Bruchlast; gut für größere Drachen*

*Gesponnene Leinen sind billiger als geflochtene, letztere jedoch besser*

*Leichtes Bergsteigerseil für sehr große Drachen*

*Gesponnenes Kernseil mit geflochtener Umhüllung*

### Spektraleine

Sie besteht aus etwa tausend geflochtenen Polyethenfasern, ist viel dünner und hat weniger Dehnung als Nylon- oder Polyesterleine. Spektraleinen sind ideal für Wettbewerbsfliegen mit Lenkdrachen, wo es auf rasches Ansprechen ankommt. Sie müssen durch eine geflochtene Umhüllung geschützt sein.

Grüne oder rosa Spektraleinen haben eine rauhere Oberfläche als weiße.

Glatte, weiße Spektraleine erzeugt weniger Reibung, wenn sich die Leinen beim Kunstflug kreuzen.

### Umhüllen von Spektraleine

Umflochtene Nylon- bzw. Polyesterleine, aus der der Kern herausgezogen wird, liefert dafür das Ausgangsmaterial. In die leere Umhüllung fädelt man mit einer speziellen Durchziehnadel die Spektraleine ein, damit sie sich nicht, durch Berührung, selbst zerschneiden kann.

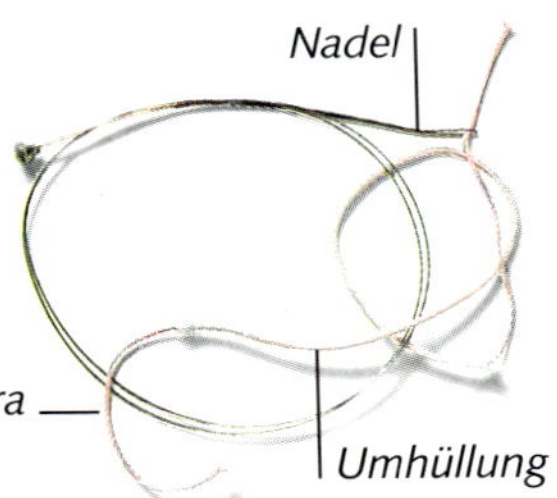


### Hanfseil

Es ist nicht so reißfest wie Kunststoffleine und bei gleicher Bruchlast schwerer.

Mit Glaspulver präpariertes Hanfseil ergibt ein scharfes Schneidewerkzeug für den Drachenkampf.

## Gestänge und Gerüstmaterial

### Glasfaser

In Stab- und Röhrenform erhältlich. Stäbe braucht man für Drachen, die biegsam sein sollen, wie z. B. Kampfdrachen. Rohre gibt es in dick- und dünnwandiger Ausführung.

Glasfaserverstärkter Kunststoffstab

Glasfaserverstärktes Rohr (dünnwandig) ist steifer und leichter

Glasfaserverstärktes Rohr (dickwandig) bricht weniger leicht

### Kohlefaserstäbe

Sie sind leicht und steif und werden vielfach für die modernen Lenkdrachen verwendet, weil sie sehr hohe Belastungen aushalten.

### Rundstäbe aus Holz

Überall erhältlich und eines der besten Gerüstmaterialien. Am geeignetsten sind Stäbe aus Hartholz (z. B. Ramin).

### Bambusrohr

Ein traditionelles Gerüstmaterial. Sehr dicke Rohre werden zur gewünschten Materialstärke gespalten.

*Ein gespaltenes Stück Bambus*

## Ringe und Wirbel

O-Ringe

D-Ringe

Gespaltene Ringe

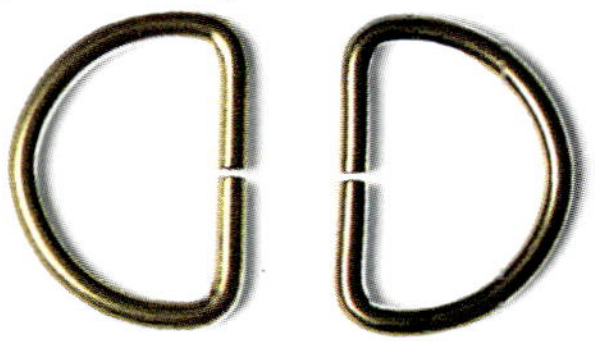

**Aluminiumringe**
Ein O-Ring ist an der Waage befestigt und daran die Leine. Ein D-Ring wird mit einer Schlinge eingenäht. Gespaltene Ringe findet man bei manchen Kastendrachen.

*Dieses Teil wird am Zugring des Drachens eingehakt und gesichert*

*Die Drachenleine wird an dieser Öse befestigt*

Standard-Wirbel mit Sicherheitshaken, für kleine und mittelgroße Drachen und Windsäcke geeignet

Wirbel für die Tiefseefischerei, gut geeignet für große Drachen und Wirbelwindsäcke

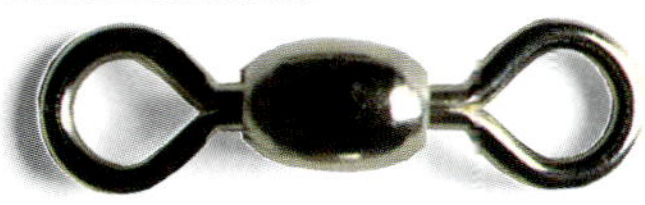

Großer Angler-Wirbelhaken

**Wirbel mit Sicherheitshaken**
Einfache Befestigungsart für Leinen oder Windsäcke. Durch das Wirbellager kann sich die Leine drehen, ohne zu verdrillen.

## Verbinder

**Gerade Verbinder**
Hülsen zur Verbindung von Gestängeteilen in gerader Richtung werden meist aus Aluminiumrohr in passender Länge geschnitten.

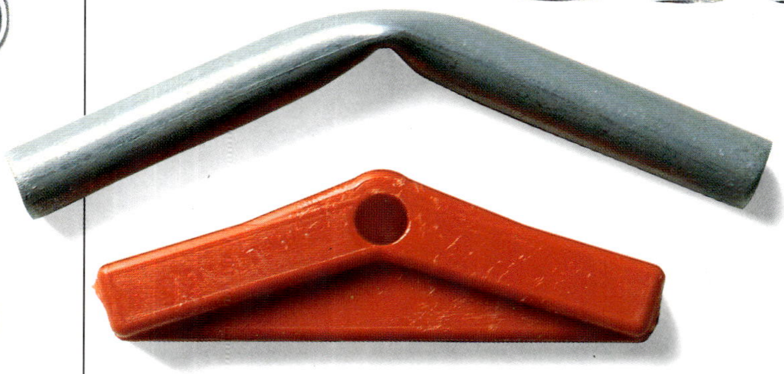

*Die Querstäbe werden an beiden Enden in Schlitze eingesteckt*

**Gewinkelte Verbinder**
V-förmige Verbinder geben der Vorderseite eine gewinkelte Form.

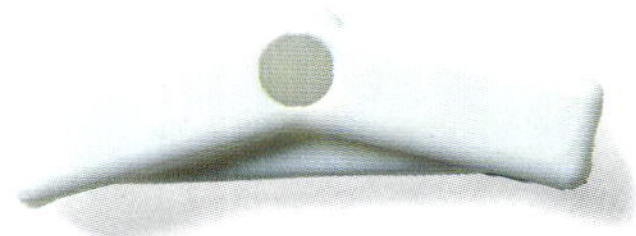

**Kunststoffschläuche**
Mit Einschnitten versehen, benutzt man sie zum Verbinden der vorderen Gestängestäbe bei Lenkdrachen (s. Seite 65).

## Weiteres Zubehör

**Schieber**
Aluminiumschieber benutzt man zum Spannen der Querholme. Der Schieber wird auf der Verbindungsschnur verschoben, um den Querholm nach hinten zu biegen.

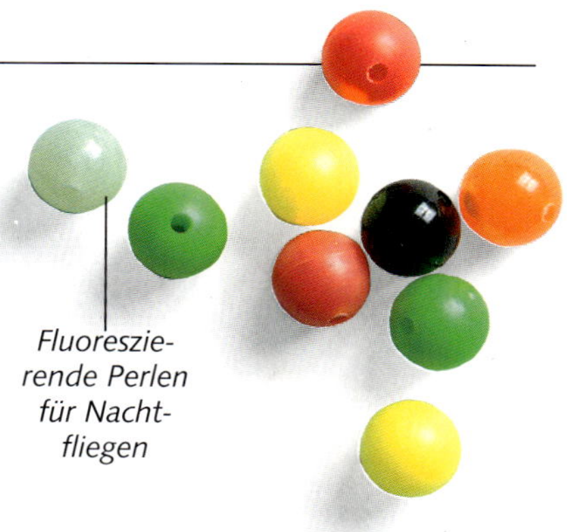

*Fluoreszierende Perlen für Nachtfliegen*

**Perlen**
Sie werden am Ende von Verspannungsschnüren befestigt und dienen, über eine Nut eingehakt, zum Spannen insbesondere von Kastendrachen; je mehr Perlen sich hinter der Nut befinden, um so größer ist die Spannung.

**Endkappen**
Sie bestehen aus Gummi und werden auf die Enden von Stäben gesteckt, um zu verhindern, daß deren scharfe Kanten die Taschen, in denen sie stecken, durchscheuern.

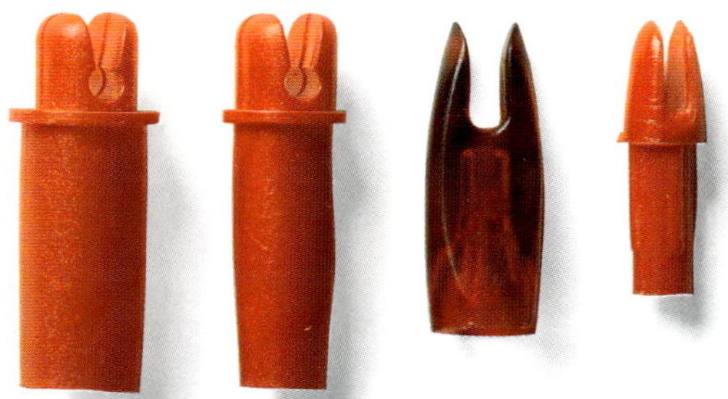

**Kappen mit Quernut**
Auf die Enden von Kunststoffstäben gesteckt, dienen sie zur Aufnahme von Verspannungsschnüren.

# WERKZEUGE

## Meß- und Zeichengeräte

**Schneiderkreide**
Zum Aufzeichnen der auszuschneidenden Teile auf dem Bespannmaterial.

**Filzstift**
Eine Alternative zur Schneiderkreide. Die Spitze sollte möglichst fein sein.

Schablone für einen Schlittendrachen

**Schablone**
Meist aus Karton geschnitten. Sie spart viel Zeit, wenn man mehrere einfache Drachen herstellen will oder wenn man Löcher in der Bespannung anbringen möchte.

**Lineal und Zeichendreieck**
Hilfreich beim Übertragen des Schnittmusters oder anderer Formen auf das Bespannmaterial, wenn es um Genauigkeit geht.

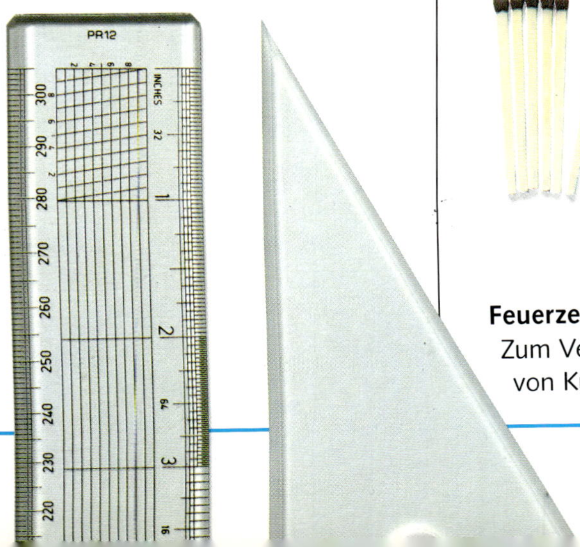

## Schneiden

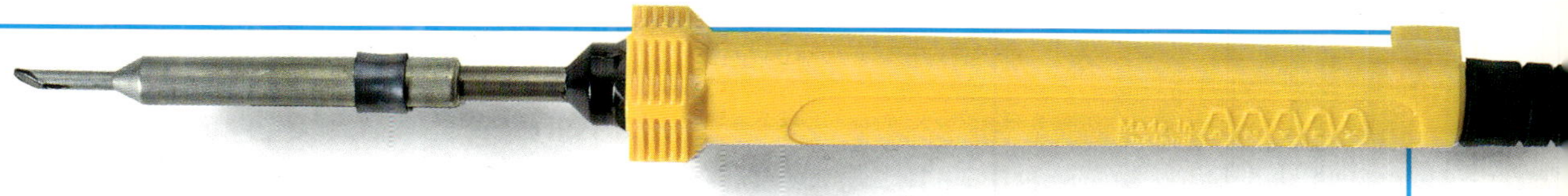

**Schere**
Zum Schneiden von Gewebe muß die Schere scharf sein. Am besten, Sie reservieren sich eine nur für diese Arbeit.

**Lötkolben**
Mit einem angeschärften Lötkolben kann man Nylongewebe schneiden und gleichzeitig die Schnittkanten verschmelzen, so daß sie nicht ausfransen. Für schnelles Schneiden wählt man einen Lötkolben mit 30 bis 40 Watt Heizleistung. Man kann damit auch Drachenleinen an den Enden versiegeln.

**Schneiderädchen**
Dieses Messer mit einer rotierenden, scheibenförmigen Klinge wird zum Schneiden von Spinnakernylon verwendet. Man benutzt es am besten in Verbindung mit Schablonen.

**Schneidezirkel**
Er ist ähnlich wie ein Zirkel gebaut, doch statt der Mine mit einer spitzen Klinge versehen. Man kann damit sehr saubere Löcher in Nylongewebe oder Plastikfolie schneiden.

**Modellbaumesser**
Hauptsächlich zum Schneiden von Plastikfolie, Mylar und Papier geeignet. Nylon würde sich verziehen.

## Weiteres Werkzeug

**Metallsäge**
Man benutzt sie zum Ablängen von Gestängeteilen und zum Anbringen von Nuten.

**Feile**
Zum Abrunden von Stabenden eignet sich am besten eine kleine Holzfeile.

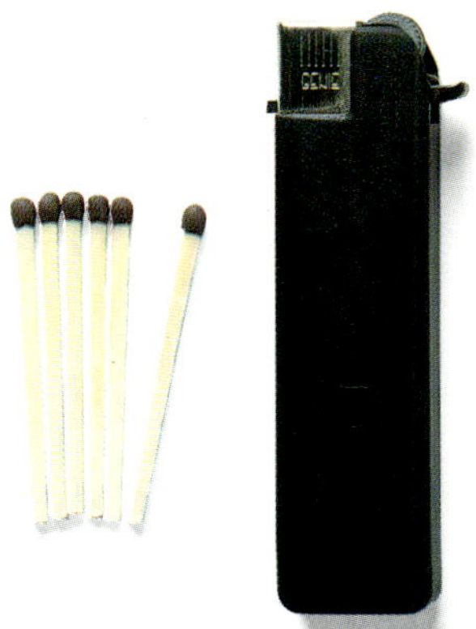

**Feuerzeug / Streichhölzer**
Zum Versiegeln der Enden von Kunststoffleinen.

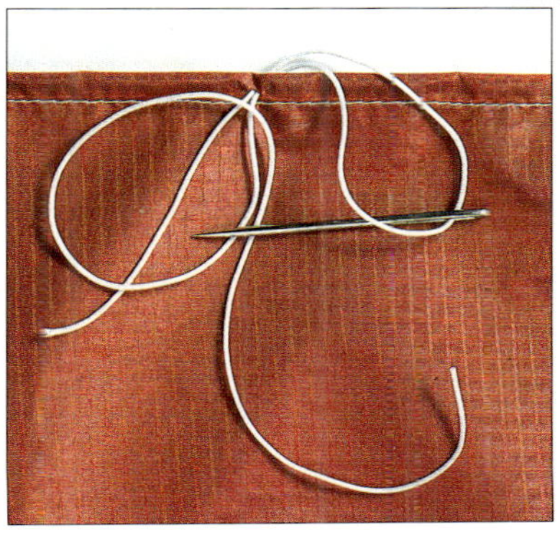

**Nadel mit großem Öhr**
Damit zieht man Schnurmaterial durch Laschen und Bespannungen.

**ARBEITS-TECHNIKEN**
**s. Seiten 64–65**
Schneiden
Leinen versiegeln
Holzstäbe vorbereiten

# ARBEITSTECHNIKEN

Die hier gezeigten technischen Tips sind beim Drachenbau unentbehrlich und helfen Ihnen, wirklich fachmännisch zu arbeiten. Schrittweise erfahren Sie, wie man mit einfachen, aber wirkungsvollen Methoden Stäbe mit der Bespannung verbindet, wie man eine Waage befestigt, einen Holzstab vorbereitet, eine Leine versiegelt. Taschen, Laschen und Verstärkungsteile stellt man meist aus Resten von Spinnakernylon her. Bei größeren Drachen muß man die Bespannung an Taschen oder Schlaufen mit zusätzlichen Lagen Nylonstoff verstärken.

## HERSTELLEN EINER TASCHE

Eine kleine Hülle, in einem bestimmten Winkel auf die Bespannung genäht, nimmt das Ende eines Stabes auf.

Nylonstreifen

Gefalteter Streifen

1 Schneiden Sie einen Streifen aus Spinnakernylon, etwa 18 cm lang und 2,5 cm breit, falten Sie ihn auf halbe Länge, dann noch einmal.

2 Stecken Sie den doppelt gefalteten Streifen in einem Winkel von 45° so

auf die Ecke des Drachens, daß er in halber Länge nach außen übersteht. Dann näht man ihn quer über die Ecke fest.

3 Falten Sie das überstehende Ende nach innen, so daß es eine Tasche bildet, und nähen Sie diese an den Seiten zu.

*Die Tasche soll die Kanten ganz leicht überragen*

## HERSTELLEN EINER LASCHE

Laschen sind kurze, längs gefaltete und vernähte Stoffstreifen an der Bespannung zum Durchziehen von Verspannschnüren.

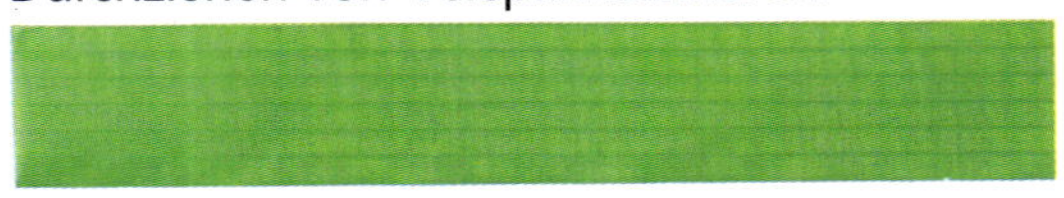

1 Schneiden Sie aus einem Stück Nylonstoff 2,5 cm breite Streifen zu; für jede Lasche sollten Sie etwa 5 cm Länge vorsehen.

Fertig genähter Streifen

5 cm lange Stücke

2 Falten Sie die Längskanten nach innen um, so daß der Streifen etwa ein Drittel der ursprünglichen Breite hat, und nähen Sie in der Mitte in Längsrichtung darüber. Der fertige Streifen wird in 5 cm lange Stücke geschnitten.

## HERSTELLEN VON VERSTÄRKUNGEN

Mit solchen dreieckigen Flicken verstärkt man ein Gestängeloch. Zuerst wird das Dreieck aufgeklebt, dann das Loch ausgeschnitten.

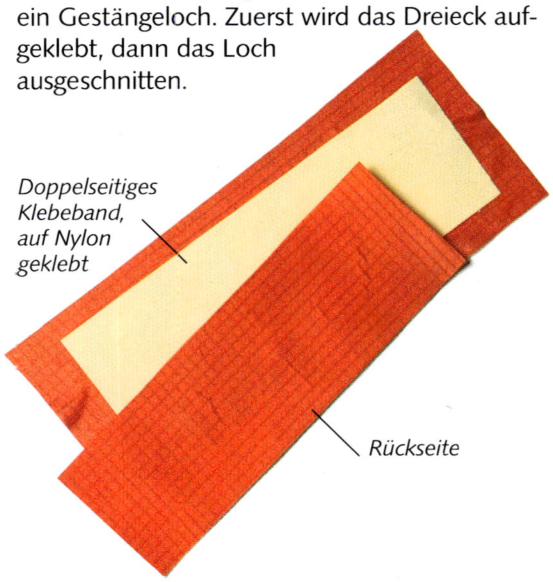

*Doppelseitiges Klebeband, auf Nylon geklebt*

*Rückseite*

1 Nehmen Sie ein Stück doppelseitiges, 5 cm breites Teppichklebeband und kleben Sie es auf ein Stück Spinnakernylon. Überstehendes Nylon rundherum abschneiden.

5 cm Länge

Zwei Dreiecke

*Das Loch wird in die Verstärkung geschnitten*

Die Verstärkung wird aufgeklebt

2 Schneiden Sie den Streifen in 5 cm große Quadrate, die Sie wiederum diagonal durchschneiden. Ziehen Sie die Deckfolie von dem Dreieck und kleben Sie es an die gewünschte Stelle. Erst dann schneiden Sie das Loch aus.

## EIN LOCH AUSSCHNEIDEN

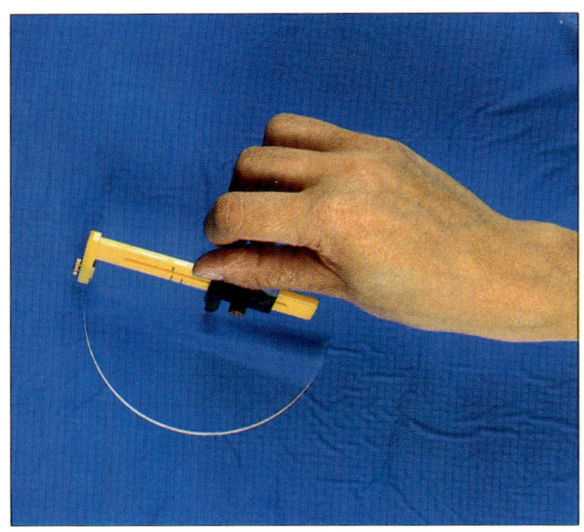

Am einfachsten geht das mit einem Schneidezirkel. Er wird auf das Material gesetzt, durch Drehung um seinen Mittelpunkt wird das Loch ausgeschnitten. Sie können aber auch einen normalen Zirkel und eine Schere verwenden. Oder Sie nehmen eine Schablone und schneiden das Loch mit dem Lötkolben aus.

### HEISSSCHNEIDEN

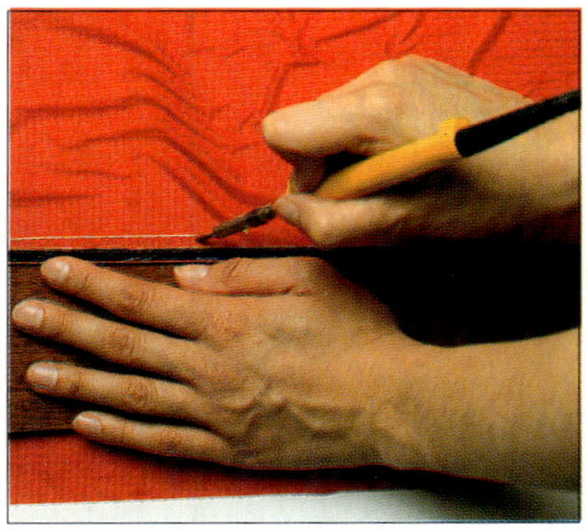

Zum Heißschneiden von Nylon oder ähnlichen Kunstfasergeweben kann man einen Lötkolben benutzen; dabei werden gleichzeitig die Kanten versiegelt, so daß sie nicht ausfransen. Die Lötkolbenspitze muß eine scharfe Kante haben, die man gegebenenfalls auch feilen kann.

> **WICHTIG!**
> - **Beim Heißschneiden wegen der Dämpfe auf gute Lüftung des Arbeitsraums achten.**
> - **Aufpassen: Beim Versiegeln von Leinen kann man sich leicht die Finger verbrennen.**

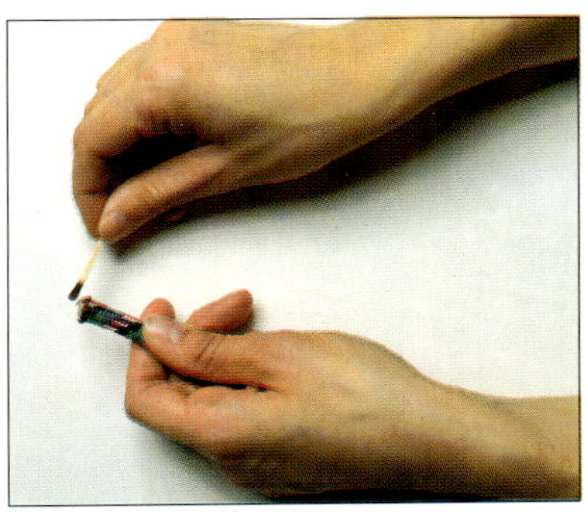

### LEINEN HITZEVERSIEGELN

Das Anschmelzen der Leinenenden – mittels Feuerzeug, Streichhölzern oder Lötkolben – verhindert das Ausfransen.

### VORBEREITEN VON HOLZSTÄBEN

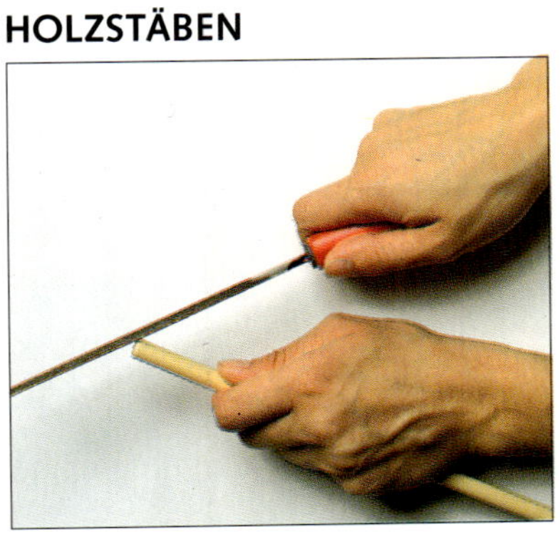

1 Den Stab mit einer Metallsäge auf die gewünschte Länge schneiden und die Enden mit einer Feile abrunden.

2 Wird am Stabende eine Nut zum Einhängen von Schlaufen benötigt, sägt man diese mit der Metallsäge etwa 5 mm tief ein.

### GEWINKELTE VERBINDUNGEN

1 Ein Stück Kunststoffschlauch, zum Stabdurchmesser passend und etwa 3 – 8 cm lang, wird in der Mitte mit Messer oder Schere zur Hälfte eingeschnitten.

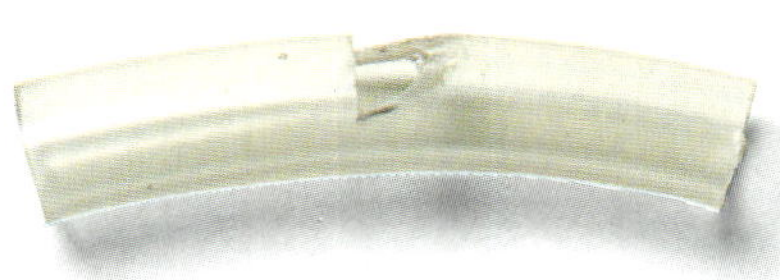

2 Ein weiterer Schnitt wird in einem Winkel von 45° zur Mitte angebracht, so daß ein Keil entsteht. Biegen Sie den Schlauch an dieser Stelle ab und stecken Sie die Stäbe im Winkel ein.

## Knoten

Hier werden die beim Drachenbau wichtigsten Knoten gezeigt. Mit der Überwurfschlinge befestigt man die Waageleine am Zugring. So läßt sich der Ring zur Einstellung des Anstellwinkels leicht verschieben. Mit dem Palstek befestigt man die Flugleine am Zugring oder am Wirbelhaken.

### HALBER SCHLAG (Overhand knot)

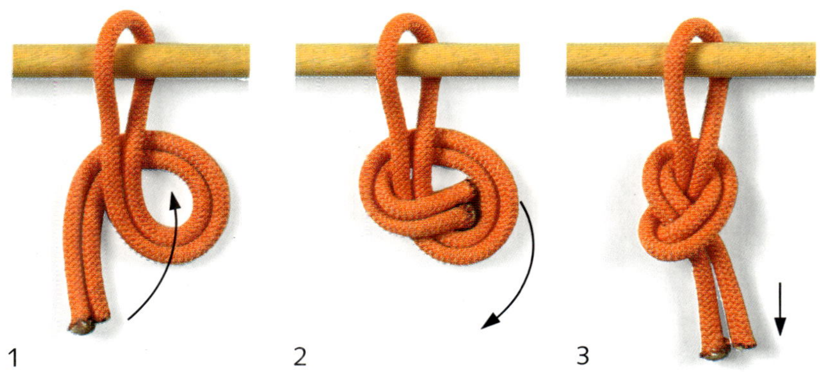


### SLIP-KNOTEN (Slip knot)

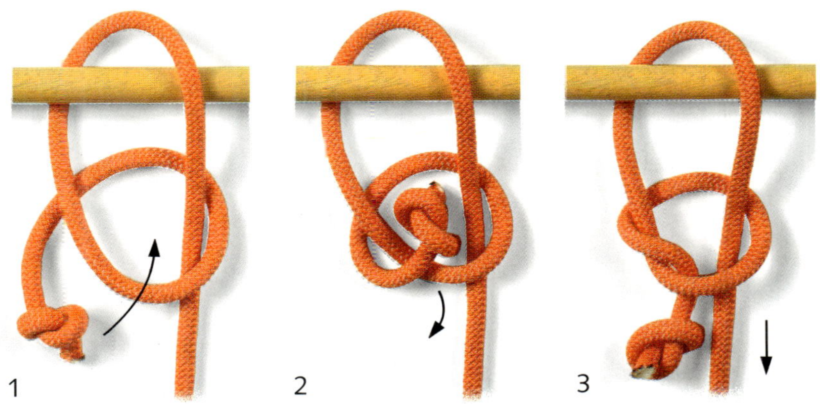


### PALSTEK (Bowline knot)

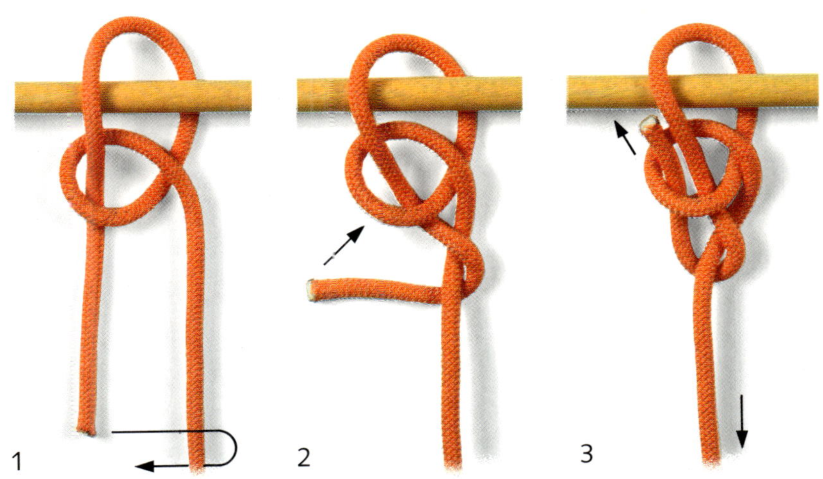


### ÜBERWURFSCHLINGE ODER LERCHENKOPFKNOTEN (Lark's head knot)

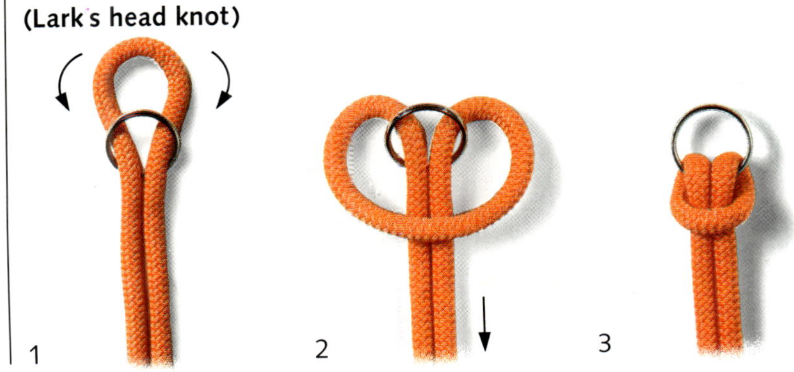

# SIMPLE SLED

Zur Herstellung dieses sehr einfachen Schlittendrachens muß man wenig mehr können als Stoffkanten säumen, Stabtaschen annähen und zwei Luftlöcher heiß ausschneiden. Er wird, in leichten bis mäßigen Winden, an einer Leine mit 25–32 caN Bruchlast geflogen. Fliegt der Drachen nicht sauber geradeaus, verschiebt man den Zugring weg von der Seite, die der Drachen bevorzugt.

**MATERIALLISTE**

- Spinnakernylon gemäß Schnittmuster
- 2,5 m geflochtene Leine (25 daN Bruchlast)
- 1 Aluminiumring
- 2 Raminstäbe, 88 cm lang, 6 mm Durchmesser
- Flugleine
- Filzstift oder Schneiderkreide
- Lineal und Zeichendreieck
- Schere
- Stecknadeln
- Nähmaschine
- Nähgarn (Polyester)
- Streichhölzer oder Feuerzeug
- Lötkolben
- Porzellanteller (ca. 18 cm Durchmesser)
- Holzfeile

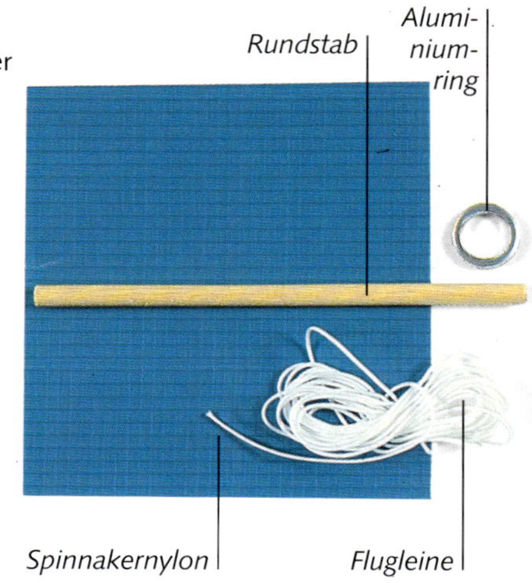


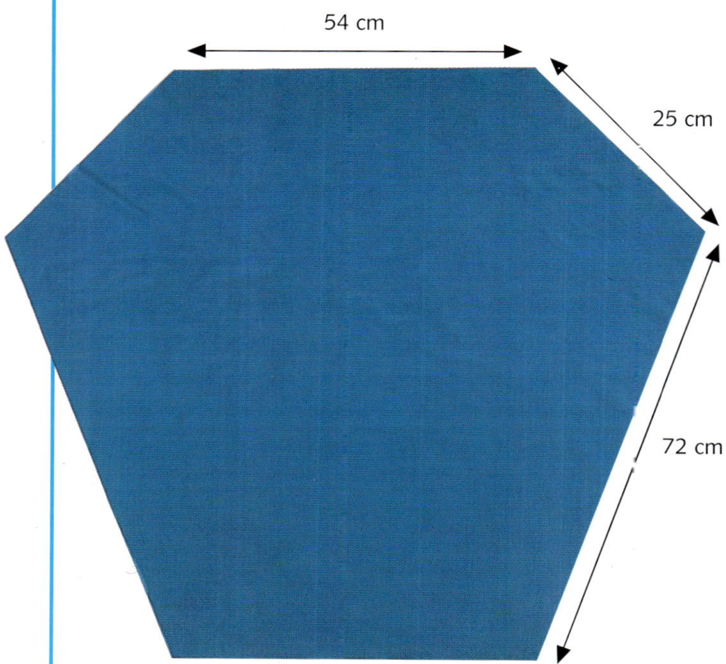


1 Nach diesem Schnittmuster die Form auf dem Spinnakernylon aufzeichnen und ausschneiden.

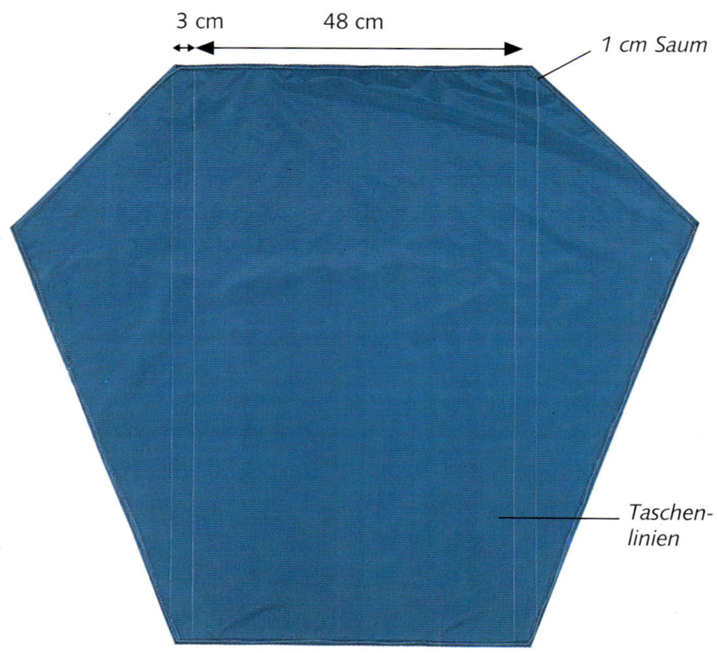


2 Kanten zu einem 1 cm breiten Saum umlegen, feststecken und nähen. Die Stabtaschen anzeichnen und den Stoff mit der Vorderseite nach unten legen.

**FARBAKZENTE**

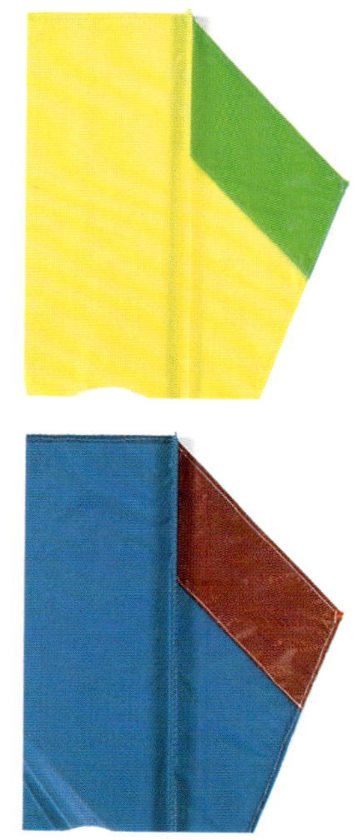

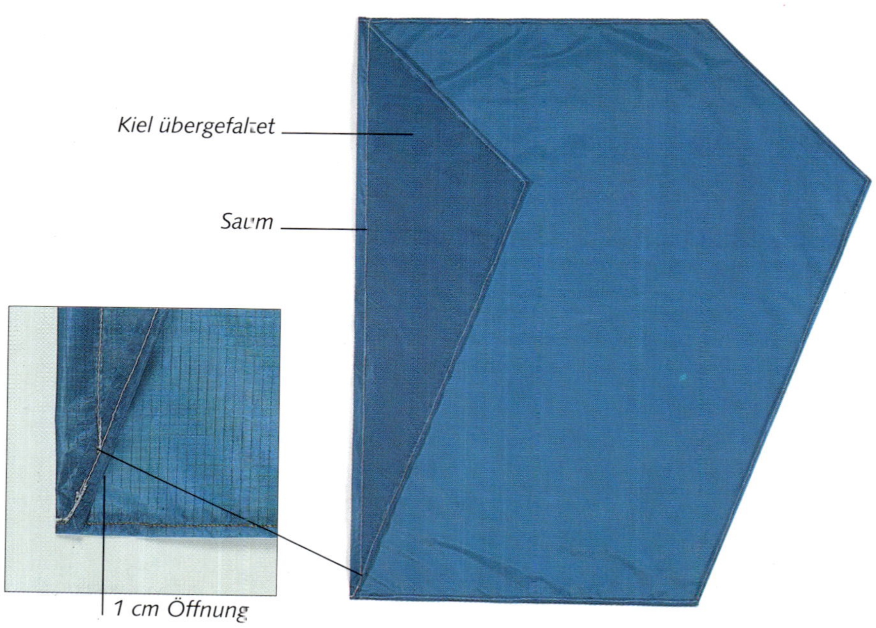


3 Einen Kiel nach innen so umknicken, daß sich die Linien der Tasche decken. Durchnähen zu einer Tasche mit ca. 1 cm Öffnung am unteren Ende. Gleiches Vorgehen beim anderen Kiel.

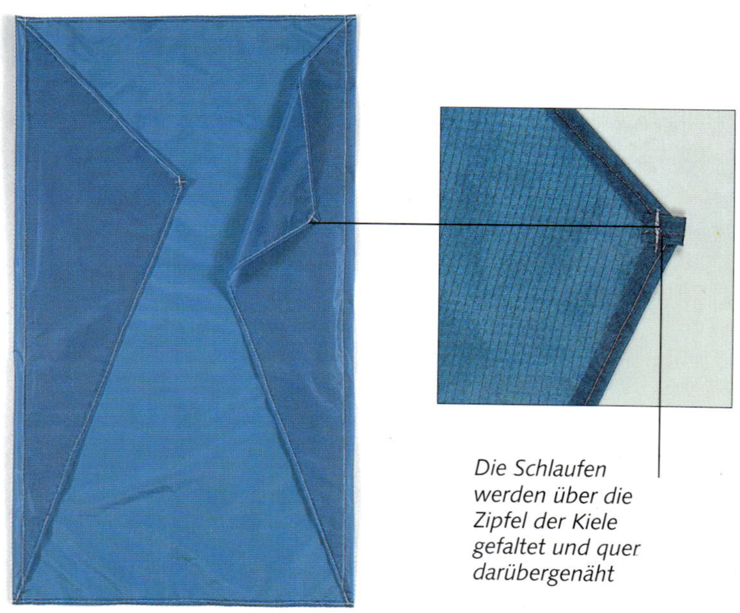


4 Zwei Schlaufen aus Spinnakernylon nähen und an den Zipfeln der Kiele aufnähen.

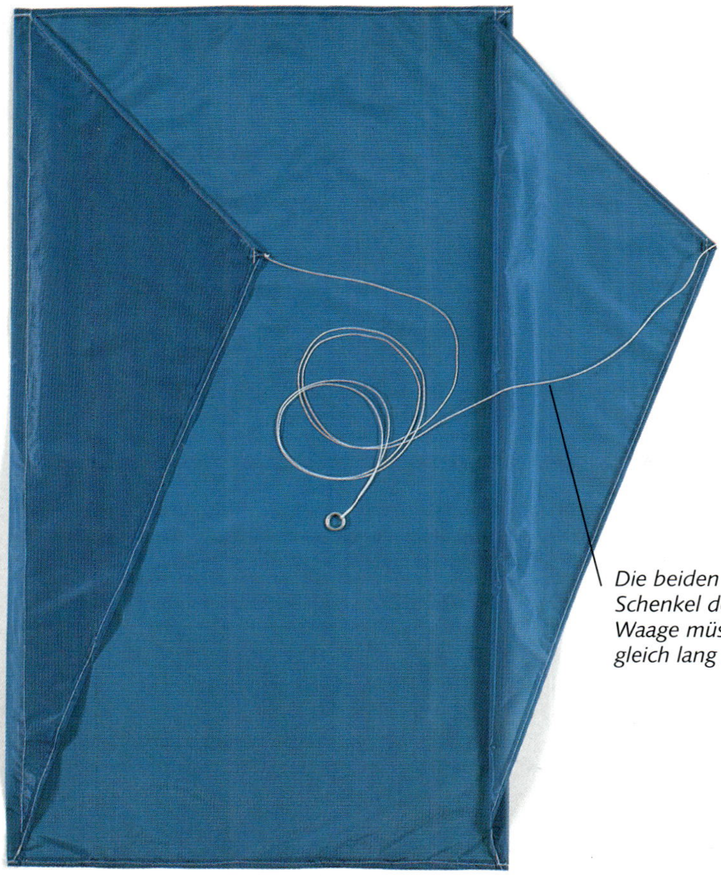

*Die beiden Schenkel der Waage müssen gleich lang sein*

**5** Enden der Waageleine hitzeversiegeln. Enden an den Schlaufen festbinden und den Zugring mit Überwurfschlinge in der Mitte einbinden.

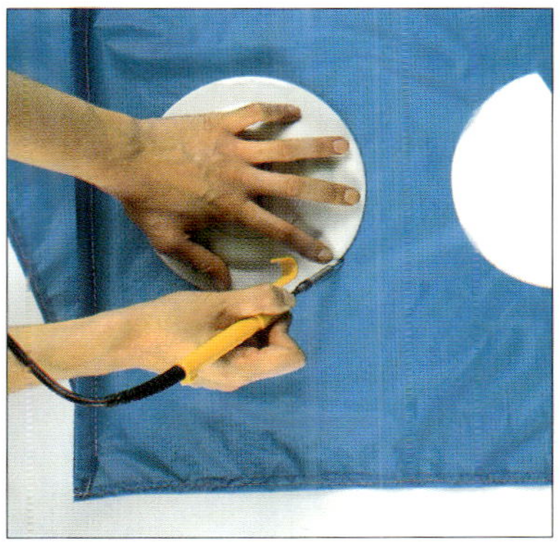

**6** Die Luftlöcher werden mit dem Lötkolben und dem Teller als Schablone 15 cm vom unteren Rand entfernt ausgeschnitten.

**WICHTIG!**

- **Beim Heißschneiden sollten Sie immer auf gute Lüftung des Arbeitsraumes achten, da Nylon oder ähnliche Kunststoffgewebe beim Schmelzen gesundheitsschädliche Dämpfe abgeben.**
- **Niemals die Lötkolbenspitze berühren; sie wird sehr heiß und kann auch längere Zeit nach dem Ausschalten noch Verbrennungen verursachen.**

***Vom Wind geformt***
*Im Flug wölbt der Wind die Tragfläche, die Löcher stabilisieren den Geradeausflug.*

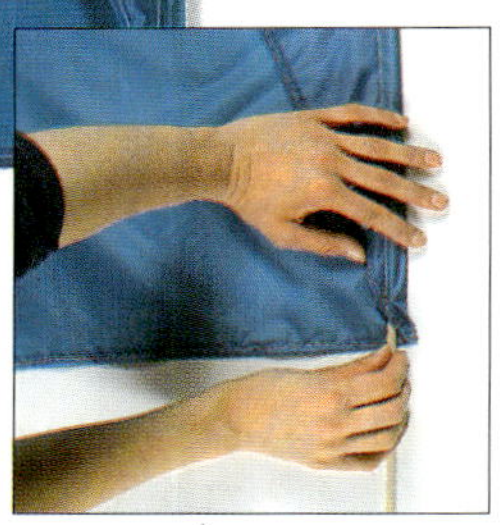

**7** Die Enden der Stäbe mit der Feile abrunden und in die Taschen einschieben. Diese sollen eng genug sein, um die Stäbe festzuhalten. Flugleine am Zugring befestigen.

**ARBEITS-TECHNIKEN**
**s. Seiten 64–65**

Herstellen von Laschen
Hitzeversiegeln
Überwurfschlinge
Heißschneiden
Vorbereiten von Holzstäben

# Della Porta

Der klassische Della Porta ist leicht zu bauen. Genaugenommen, besteht er nur aus einem rechteckigen Stück Stoff mit zwei Diagonalstäben, vier Taschen und einem langen Schleifenschwanz. Sein Aussehen kann man verändern, indem man ihn aus verschiedenfarbigen Streifen zusammensetzt oder mit Applikationen versieht. Er fliegt sehr stabil in einem breiten Windbereich und sollte an einer Leine mit 12 daN Bruchlast geflogen werden.

**MATERIALLISTE**

- Spinnakernylon gemäß Schnittmuster
- 2 Raminstäbe, 80 cm lang, 6 mm Durchmesser
- ca. 2,2 m geflochtene Leine (25 daN Bruchlast)
- 1 Aluminiumring
- Flugleine
- Filzstift oder Schneiderkreide
- Lineal und Zeichendreieck
- Schere
- Stecknadeln
- Nähmaschine
- Nähgarn (Polyester)
- Streichhölzer oder Feuerzeug
- Holzfeile
- Nadel mit weitem Öhr

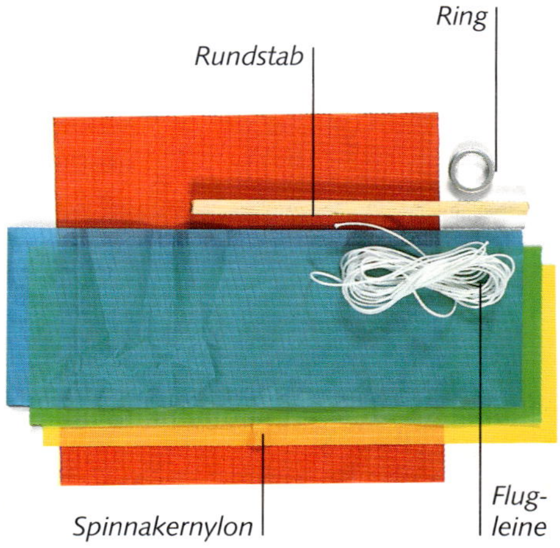


## Anfertigen des Segels

1 Nach nebenstehendem Schnittmuster auf Spinnakernylon aufzeichnen und ausschneiden.

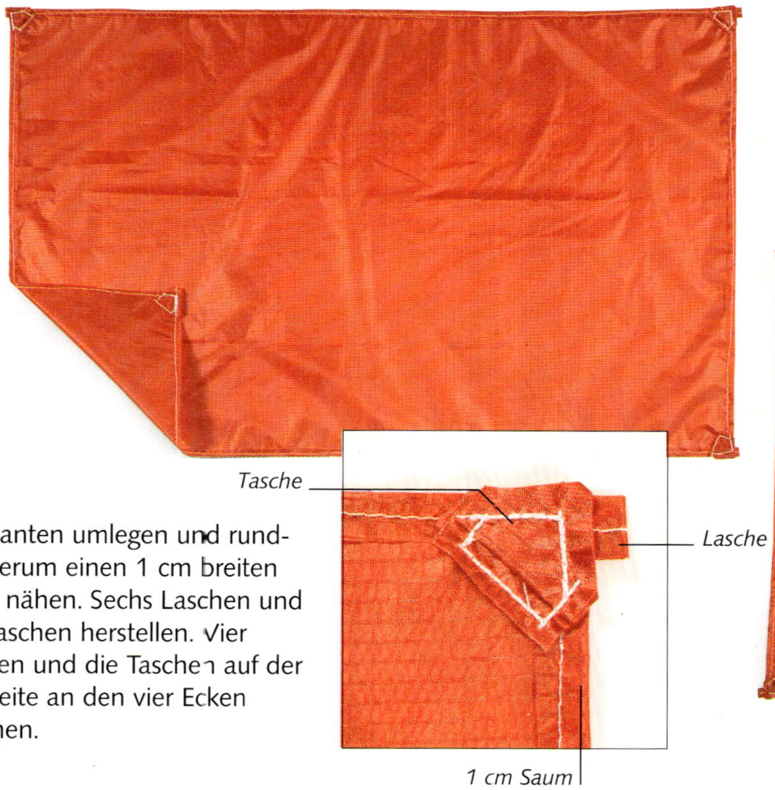


2 Kanten umlegen und rundherum einen 1 cm breiten Saum nähen. Sechs Laschen und vier Taschen herstellen. Vier Laschen und die Taschen auf der Rückseite an den vier Ecken annähen.

3 Die Enden der Stäbe abrunden und diagonal in die Taschen einstecken. Die Stäbe sollen fest sitzen, ohne daß sie sich biegen oder die Tragfläche wölben.

## Befestigen der Waage

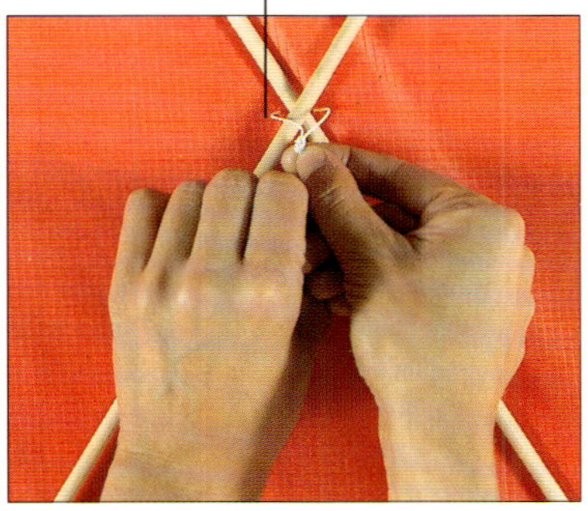


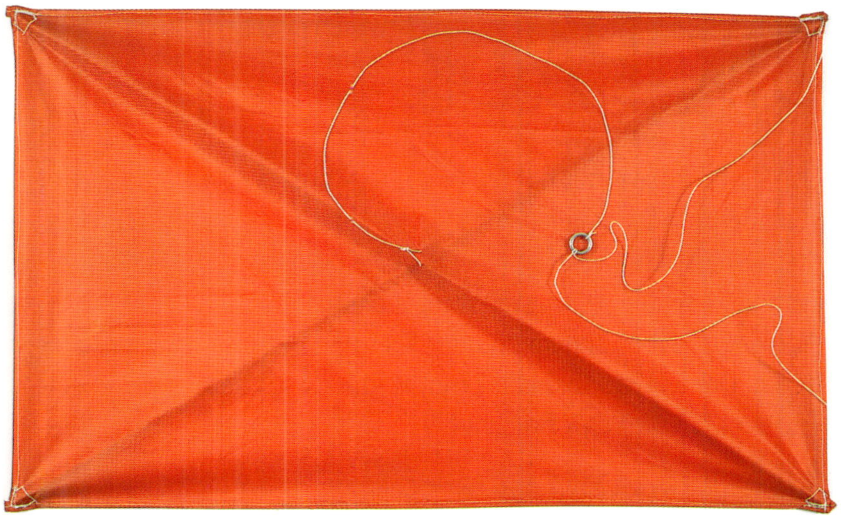

1 Von der Leine je ein 1 m und ein 62 cm langes Stück sowie drei 15 cm lange Stücke abschneiden, die Enden hitzeversiegeln. Die 1 m lange Leine an beiden Enden an die vorderen Ecklaschen festbinden und in der Mitte den Zugring mittels Überwurfschlinge anbringen.

2 Das 15 cm lange Leinenstück mit Hilfe einer großöhrigen Nadel am Kreuzungspunkt der Stäbe durch die Tragfläche ziehen, dann mit einem Palstek eine kleine Schlaufe binden.

3 Die Schlaufe nach vorn durchziehen und daran das eine Ende des 62-cm-Stückes festbinden; das andere Ende wird am Zugring befestigt.

## Anbringen des Schwanzes

1 Nylonstreifen aneinandernähen und entlang der Ränder mit vielen Einschnitten versehen.

2 An die Enden des Schwanzes je eine Lasche nähen und an jeder ein 15 cm langes Leinenstück mit einem Palstek befestigen. Den Schwanz an den hinteren Ecklaschen des Drachens anbringen.

***Flugstabil***
*Wenn der Drachen in der Luft steht, hält ihn die lange Schwanzschleife im Geradeausflug, sobald er nach einer Seite wegdrehen will.*

**ARBEITS-TECHNIKEN**
**s. Seiten 64 – 65**
Herstellen von Laschen
Herstellen von Taschen
Vorbereiten von Holzstäben
Hitzeversiegeln
Überwurfschlinge
Palstek
Slip-Knoten

# SIX-PACK

Der Six-Pack fliegt mit hohem Flugwinkel und in einem breiten Windbereich. Da er kein Gestänge hat, ist der sechszellige Schlittendrachen einfach nachzubauen. Die Kiele des hier vorgestellten Exemplars sind in Kontrastfarben gehalten. Sie können aber auch eine dritte Farbe verwenden oder aber den Drachen ganz einfarbig lassen. Der Six-Pack braucht einen Windsack als Schwanz und eine Leine mit 12 – 25 daN Bruchlast.

**MATERIALLISTE**

- Spinnakernylon nach Schnittmuster
- 12 m geflochtene Nylonleine mit 25 daN Bruchlast
- 2 Aluminiumringe
- 1 Wirbel mit Sicherheitshaken
- Filzstift oder Schneiderkreide
- Lineal und Zeichendreieck
- Schere
- Nähmaschine
- Nähgarn (Polyester)
- Stecknadeln
- Streichhölzer oder Feuerzeug
- Nadel mit weitem Öhr

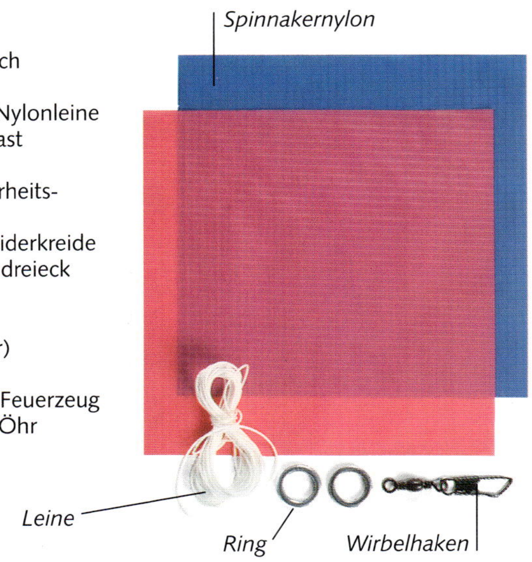


## Anfertigen der Tragfläche

**1** Alle Teile nach nebenstehendem Schnittmuster auf das Spinnakernylon zeichnen und ausschneiden: zwei Rechtecke, vier Dreiecke und die konischen Teile für den Windsack.

Schnittmuster

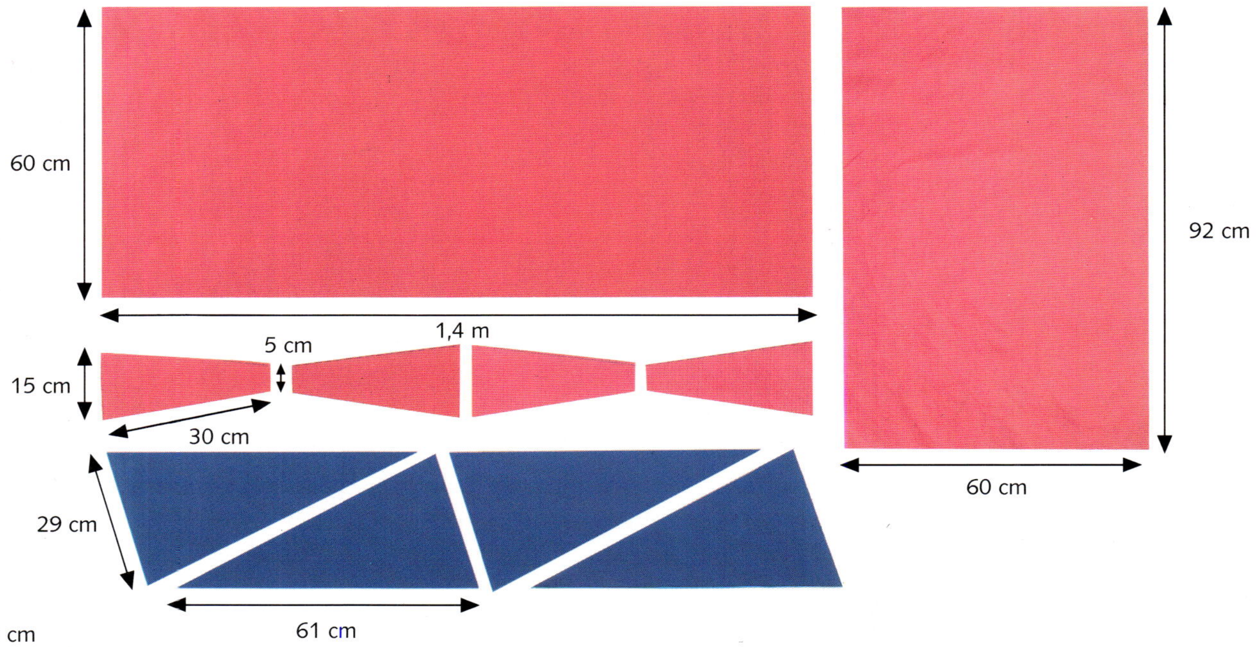


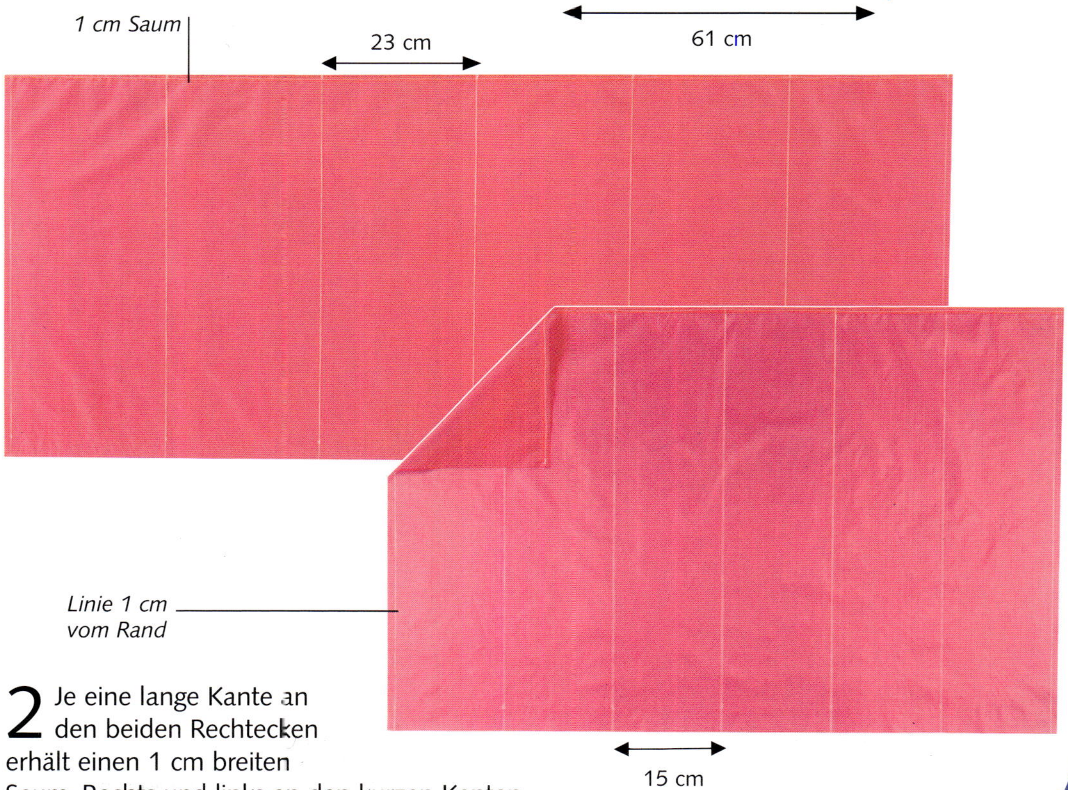


**2** Je eine lange Kante an den beiden Rechtecken erhält einen 1 cm breiten Saum. Rechts und links an den kurzen Kanten je eine Linie in 1 cm Abstand vom Rand ziehen. Den Raum zwischen diesen beiden Linien in sechs gleich breite Streifen, wie abgebildet, aufteilen und markieren.

**3** Zum Anfertigen der Kiele die Dreiecke an einer langen und der kurzen Seite mit einem 1 cm breiten Saum versehen. An der Ecke eine Lasche überlegen und festnähen.

*1 cm vom Rand zusammennähen*

**4** Die Rechtecke mit den Vorderseiten aufeinanderlegen und an einem Ende bündig richten. Ein Dreieck dazwischenlegen und feststecken. 1 cm vom Rand entfernt zusammennähen.

**5** An der anderen Kante ebenso verfahren: Die Kanten aufeinanderlegen und ausrichten, Kiel dazwischenlegen und vernähen.

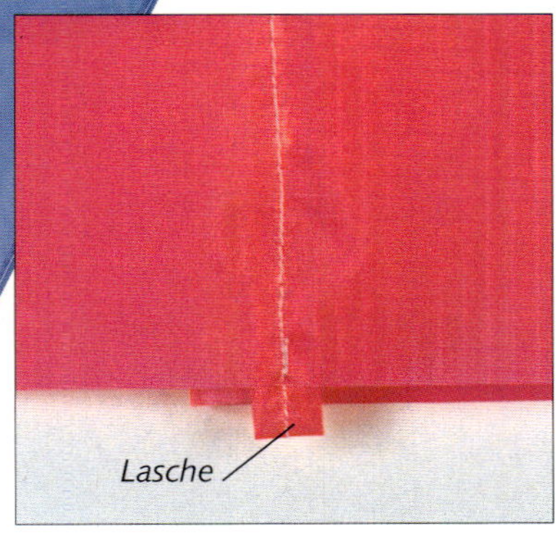


**6** Vorderseiten nach außen drehen und die Linien beider Teile in Deckung bringen. Feststecken und vernähen, dabei die zweite und vierte Naht nicht ganz bis unten durchnähen, sondern Platz lassen zum Einnähen je einer Lasche.

*Zelle*

*Hier 5 cm zusammennähen*

**7** Die zwei verbliebenen Kiele auf die zweite und vierte Naht legen, feststecken und festnähen. Am Hinterende des Drachens die Zellen in der Mitte zusammenstecken und jeweils 5 cm nach vorn vernähen.

**ARBEITS-TECHNIKEN**
**s. Seiten 64–65**

Herstellen von Laschen
Hitzeversiegeln
Palstek
Überwurfschlinge

## Befestigen der Waage

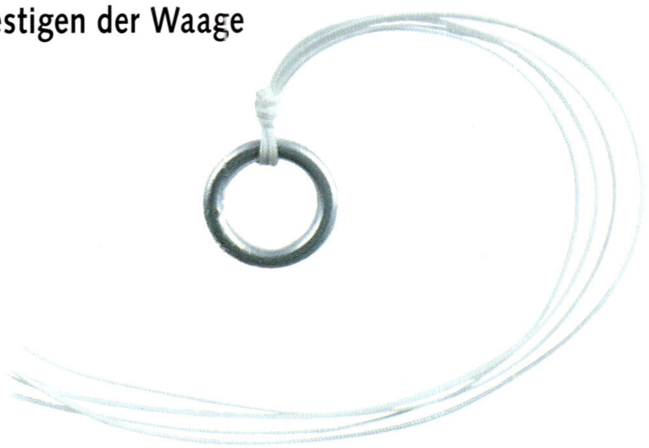

**1** Schneiden Sie zwei Leinenstücke (25 daN Bruchlast) von 3 m Länge ab und hitzeversiegeln Sie die Enden. Durch den Zugring ziehen, Enden parallel stellen und in der Mitte mit einem halben Schlag einbinden. An jede der vier Kielschlaufen kommt ein Ende der Waage

**2** Schneiden Sie ein 50 cm langes Stück Leine (25 daN ) ab und hitzeversiegeln Sie die Enden. Je ein Ende an eine der Laschen an der Hinterkante des Drachens anbinden und den zweiten Ring in der Mitte mit Überwurfschlinge einbinden.

## Windsack anbringen

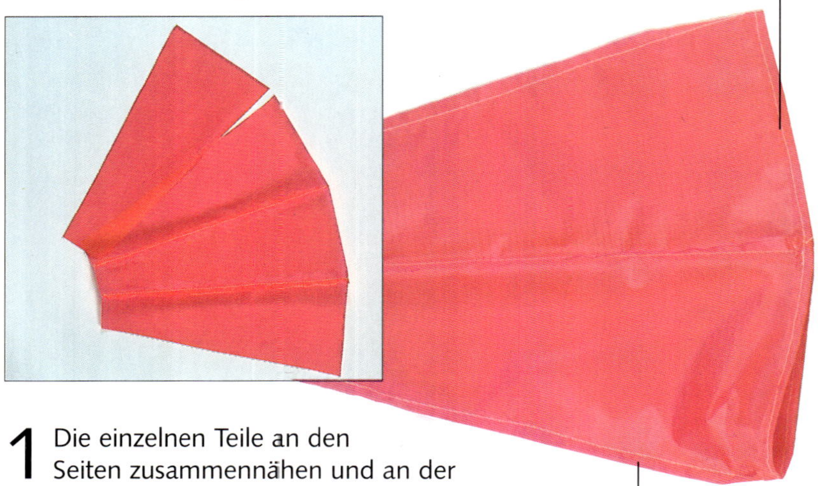


**1** Die einzelnen Teile an den Seiten zusammennähen und an der Vorderkante einen 1 cm breiten Saum umnähen. Zum Schluß, mit den Nähten nach außen, die letzten beiden Kanten zusammennähen. Wieder umdrehen.

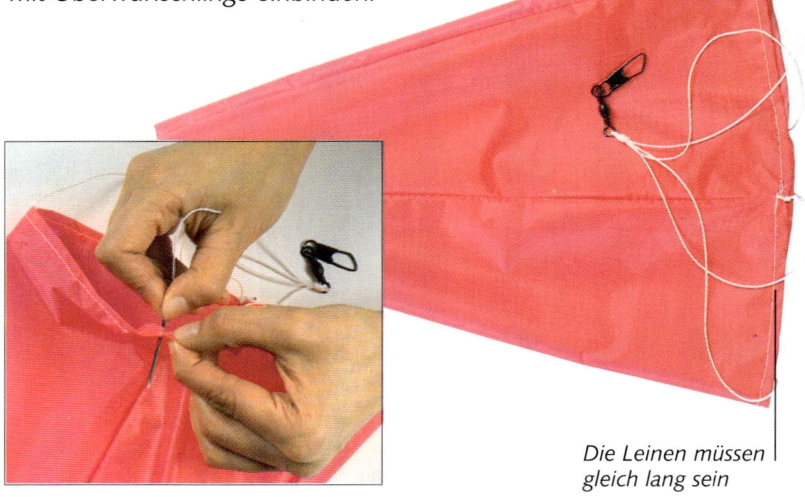


**2** Zwei 50 cm lange Leinenstücke (25 daN) abschneiden und die Enden hitzeversiegeln. Durch den Ring am Wirbelhaken ziehen, Enden ausrichten und mit einem halben Schlag festbinden. Mit einer Nadel jeweils ein Ende am Anfang einer Verbindungsnaht durch den Saum fädeln und verknoten.

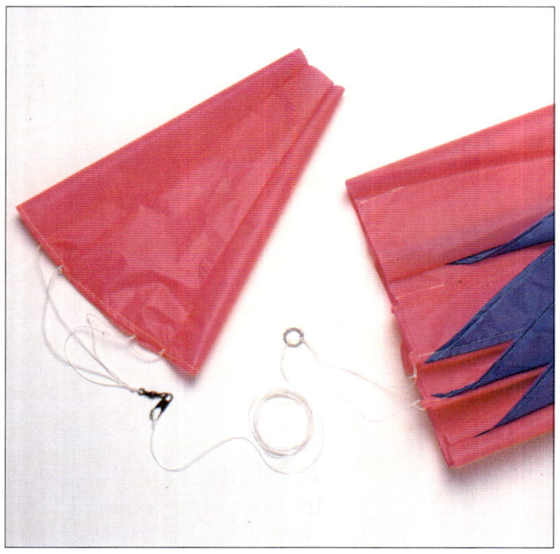

**3** Der Rest der Leine wird an einem Ende mit einem Palstek versehen, in dessen Schlinge der Wirbelhaken des Windsacks eingeklippt wird. Das andere Ende wird am Ring der Verbindungsleine am Drachenende, die Flugleine am Zugring der Waage befestigt.

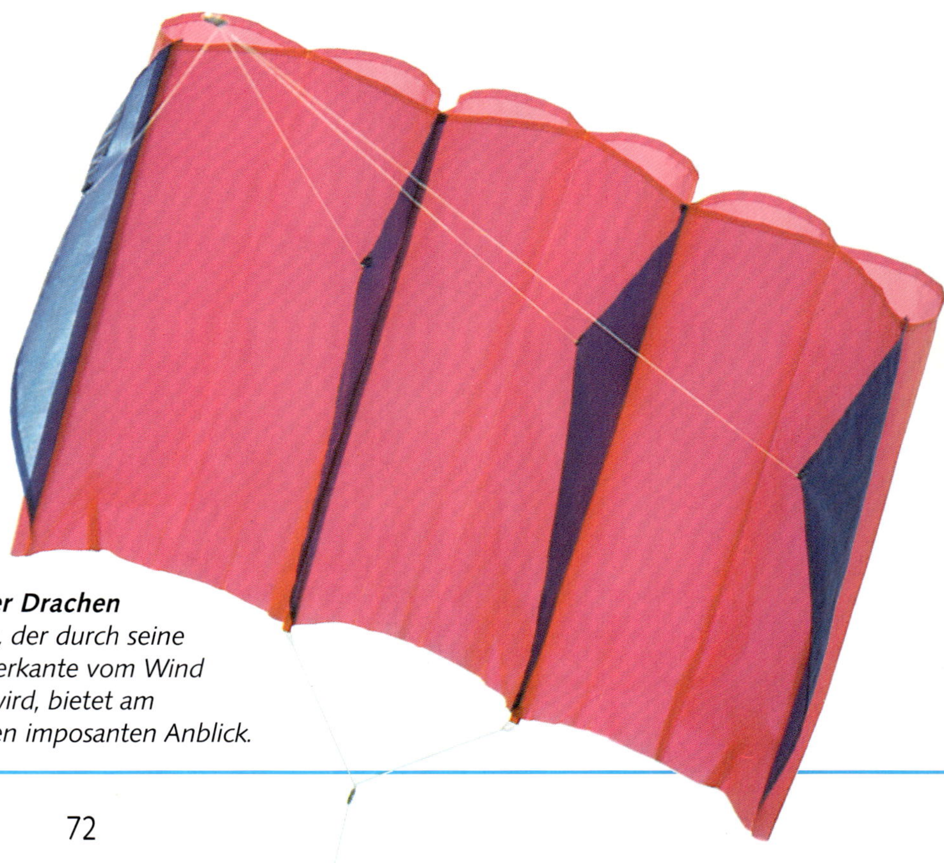

***Ein stabloser Drachen***
*Der Six-Pack, der durch seine offene Vorderkante vom Wind aufgebläht wird, bietet am Himmel einen imposanten Anblick.*

# TUMBLING STAR

Dieser vielflächige, einzellige Kastendrachen bereitet mit seinem taumelnden, rollenden Flugbild in leichtem und mäßigem Wind viel Vergnügen. Der Bau des sechszackigen Sterns ist weniger schwierig, als es aussieht, weil sich viele Schritte wiederholen. Wählen Sie verschiedenfarbiges Spinnakernylon für das Mittelteil und die Zacken, das ergibt ein bunteres Flugbild. Die Leinenbruchlast sollte 25 daN betragen.

**MATERIALLISTE**

- Spinnakernylon nach Schnittmuster
- 2,5 m geflochtene Nylonleine mit 25 daN Bruchlast
- 6 Raminstäbe, 29 cm lang, 6 mm Durchmesser
- 3 Raminstäbe, 1,05 m lang, 6 mm Durchmesser
- 1 Aluminiumring
- Flugleine
- Filzstift o. Schneiderkreide
- Lineal und Zeichendreieck
- Schere
- Nähmaschine
- Nähgarn (Polyester)
- Schneidezirkel
- Stecknadeln
- Streichhölzer o. Feuerzeug
- Holzfeile
- Metallsäge

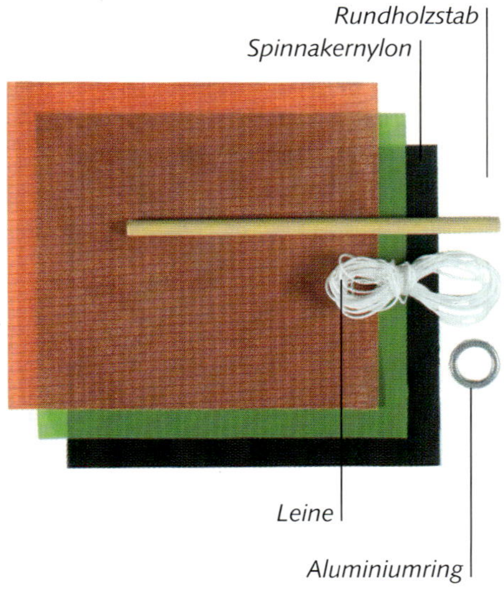


## Anfertigen des Mittelteils

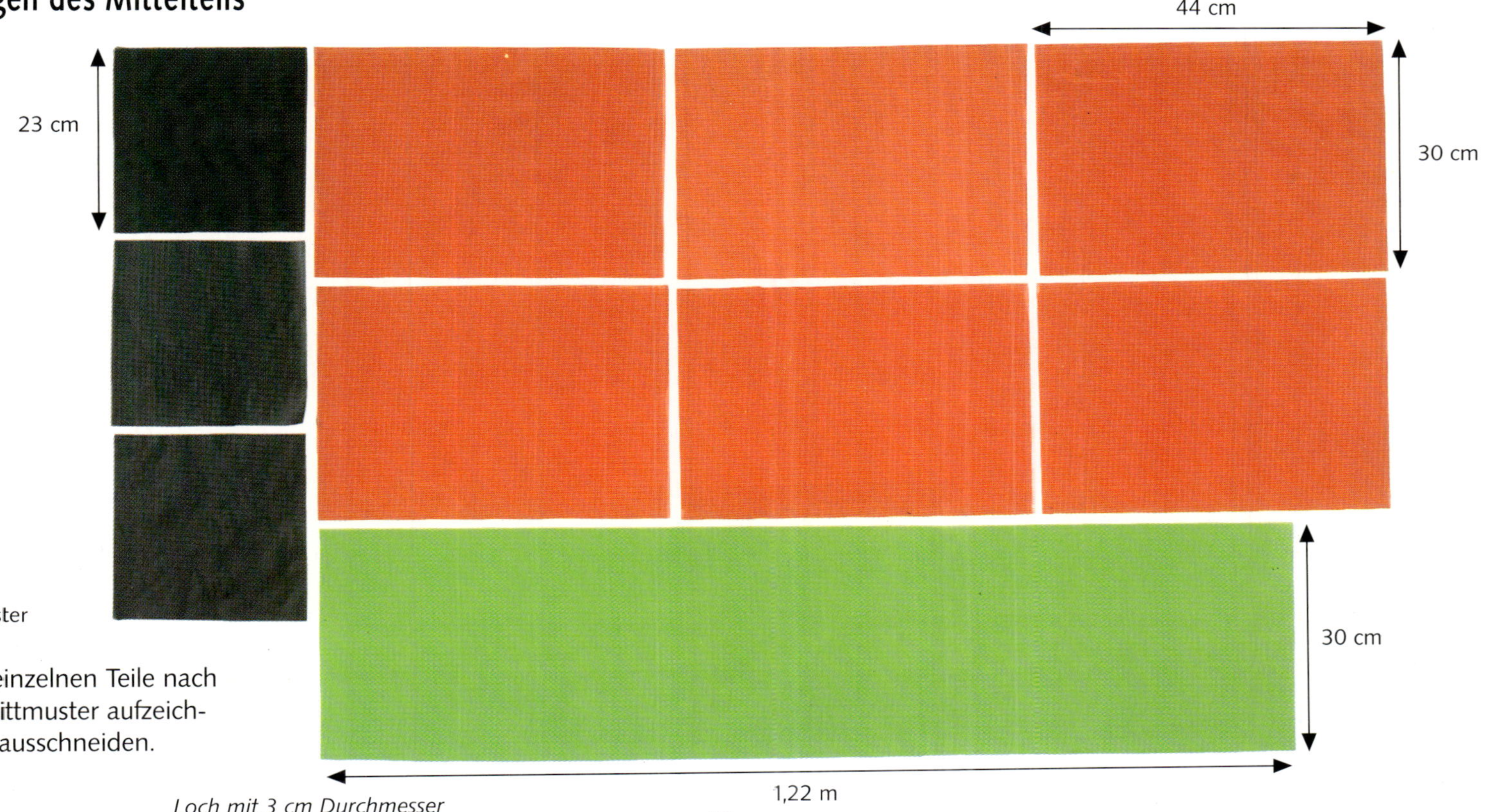


Schnittmuster

**1** Die einzelnen Teile nach Schnittmuster aufzeichnen und ausschneiden.

**2** Die langen Kanten des langen Rechtecks mit einem 1 cm breiten Saum versehen. An den Enden 1 cm vom Rand eine Linie aufzeichnen und die dazwischenliegende Strecke in sechs gleich breite Streifen aufteilen. In der Mitte jedes Streifens ein Loch einschneiden.

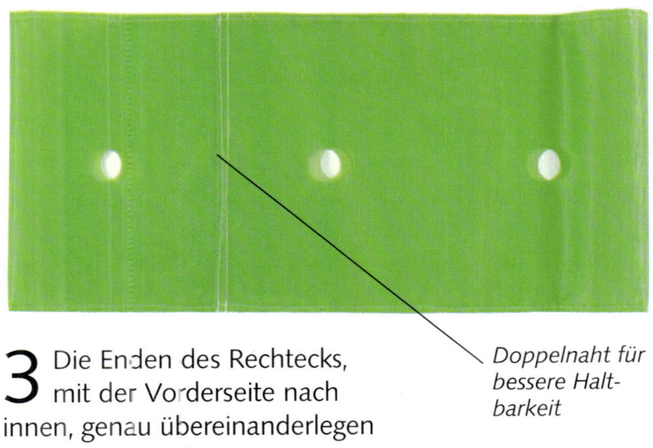


**3** Die Enden des Rechtecks, mit der Vorderseite nach innen, genau übereinanderlegen und 1 cm von der Kante zusammennähen. Die überstehenden Kanten nach einer Seite umlegen und mit einer zweiten Naht festnähen. Dann rechte Seite nach außen drehen.

## Anbringen der Zacken

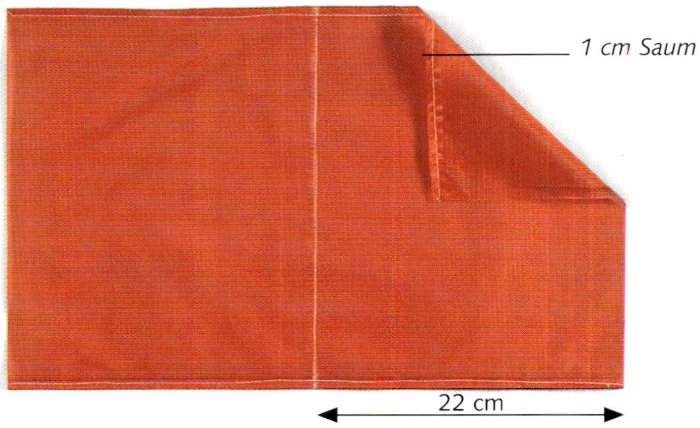


1 Alle sechs Rechtecke an den langen Kanten 1 cm breit umsäumen, in der Mitte des Rechtecks eine Teilungslinie ziehen.

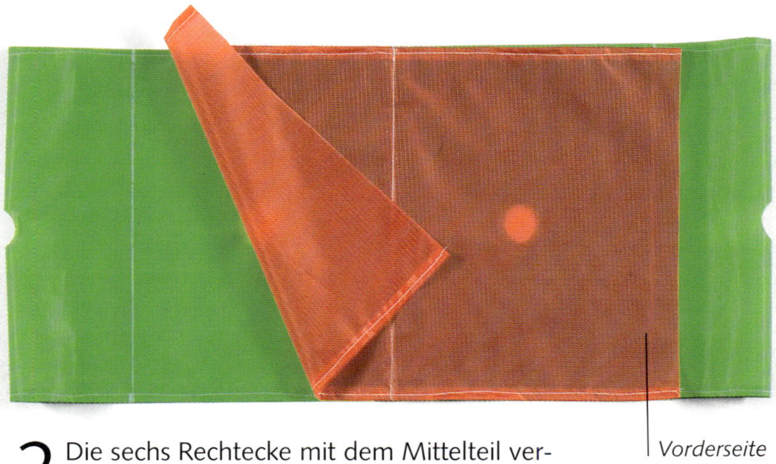


2 Die sechs Rechtecke mit dem Mittelteil verbinden, indem jedes Teil mit der markierten Teilungslinie auf eine Linie des Mittelteils gelegt wird. Feststecken und vernähen.

3 Die Enden jedes Teils mit denen des jeweils danebenliegenden Teils mit Stecknadeln zusammenstecken und 2 cm von den Kanten entfernt zusammennähen. Die Nähte jeweils 1 cm vor der Unterkante beenden.

## Herstellen der Kiele

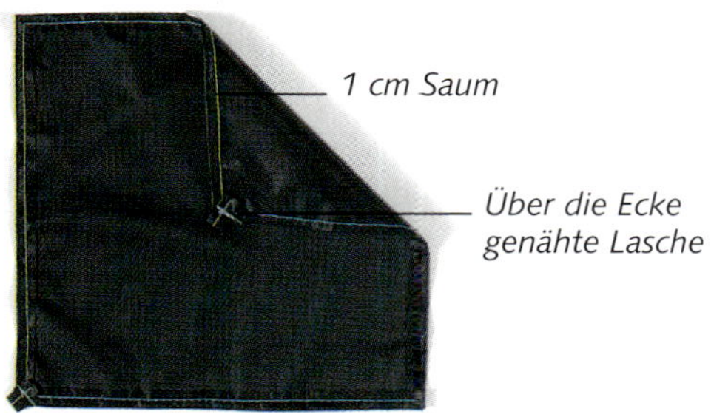


1 Alle kleinen Quadrate mit einem 1 cm breiten Saum umnähen. Neun Laschen herstellen, jeweils an zwei gegenüberliegenden Ecken der Quadrate eine Lasche festnähen.

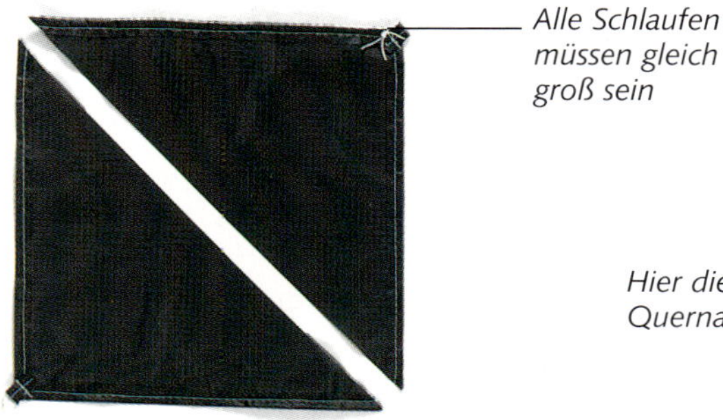


2 Sechs 10 cm lange Leinenstücke abschneiden, die Enden hitzeversiegeln. Je ein Stück durch eine Lasche ziehen und eine kleine Palstekschlaufe binden. Jedes Quadrat diagonal zerschneiden, so daß zwei Dreiecke entstehen.

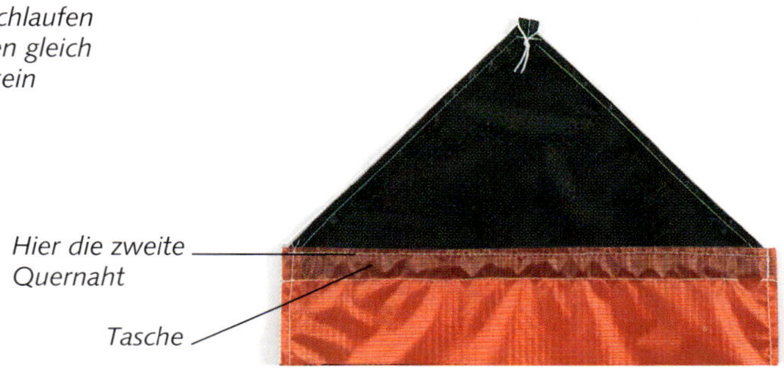


3 Je ein Kiel zwischen die 2 cm breiten Kanten (Nahtzugabe) der zusammengenähten Zackenteile legen und festnähen. An der äußersten Kante der Nahtzugabe eine zweite Naht setzen, so daß eine Tasche entsteht. Die Tasche auf einer Seite zunähen.

4 Mit allen anderen Kielen gleich verfahren. Dabei darauf achten, daß alle Vorderseiten in die gleiche Richtung weisen. Bei jedem zweiten Kiel, immer an der gleichen Seite, beim Schließen der Tasche eine Lasche mit einnähen.

5 In der Mitte unterhalb der Tasche, immer auf der gleichen Seite eines jeden Zackens, einen Verstärkungsfleck aufkleben und ein Loch herausschneiden.

## Den Drachen zusammenbauen

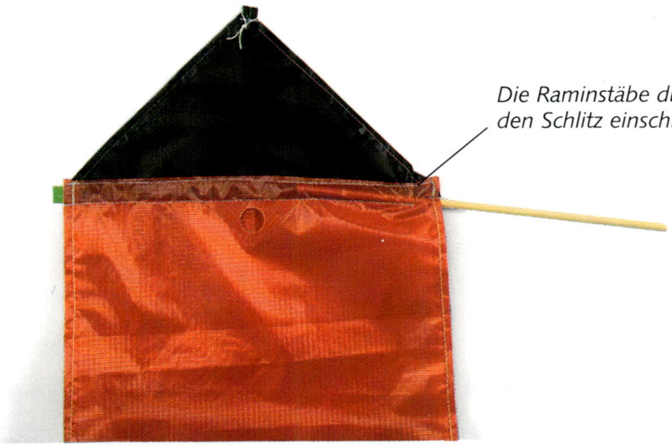


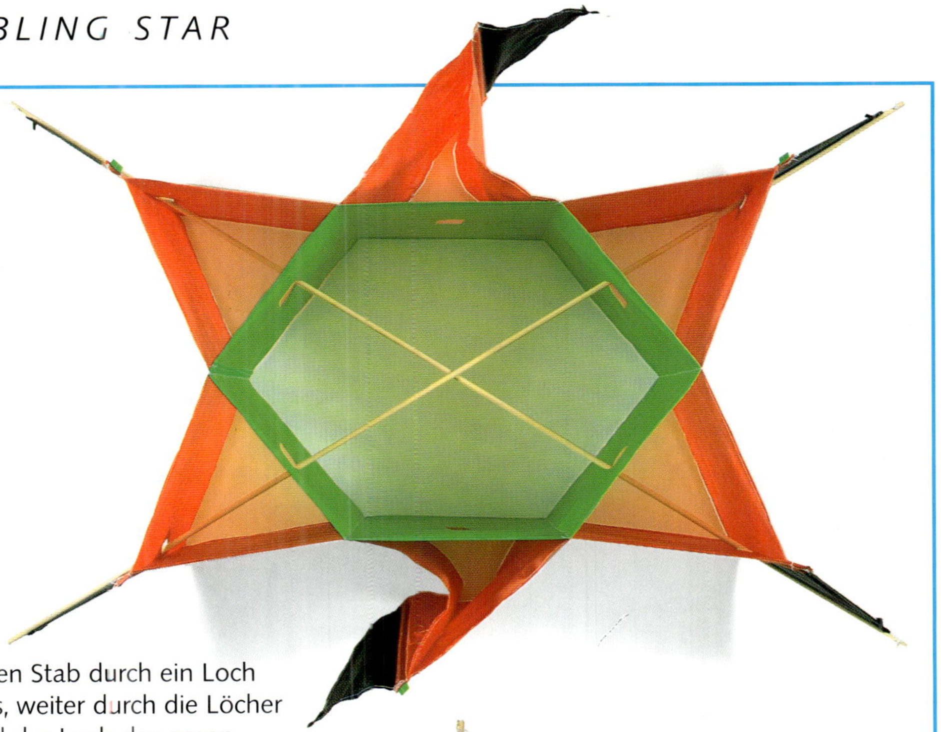

1 Die Enden der kurzen Raminstäbe abrunden und jeden Stab in eine Tasche unterhalb der Kiele stecken. Wenn sie nicht stramm sitzen, die Taschen nachnähen. Alle langen Stäbe an beiden Enden mit einer 5 mm tiefen Nut versehen.

2 Je einen langen Stab durch ein Loch eines Zackens, weiter durch die Löcher des Innenteils und das Loch des gegenüberliegenden Zackens bis zur Spitze auf der anderen Seite stecken. Die Schlaufen an den Kielen in die Nuten an den Stabenden einhängen. Mit den beiden anderen Stäben ebenso verfahren. Die Schlaufen eventuell nachstellen, wenn die Verspannung nicht gleichmäßig ist.

## Anbringen der Waage

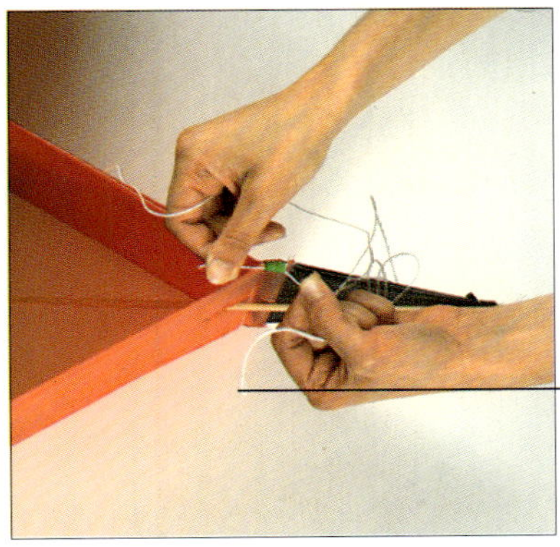


1 Je ein Leinenstück von 1,5 m und 40 cm Länge abschneiden, Enden hitzeversiegeln. Das längere Stück in der Mitte falten und mit einem halben Schlag eine kleine Schlaufe einbinden. Jedes Ende an einer der vorderen Laschen festbinden.

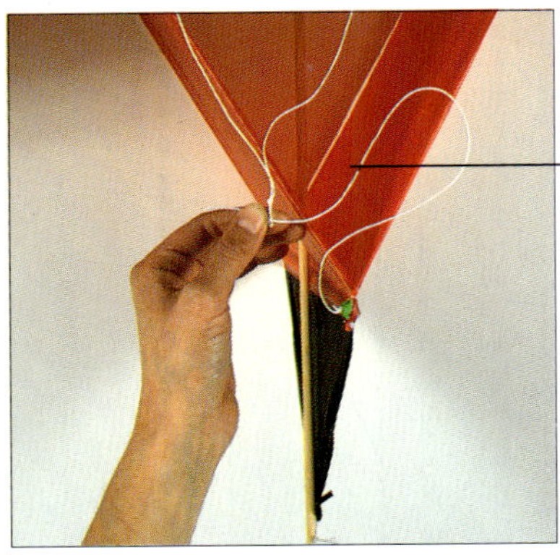


2 Ein Ende der kürzeren Leine an der dritten Lasche anbinden und das andere Ende in die Schlaufe knoten. 10 cm davon entfernt den Zugring mit einer Überwurfschlinge einbinden und daran die Flugleine befestigen.

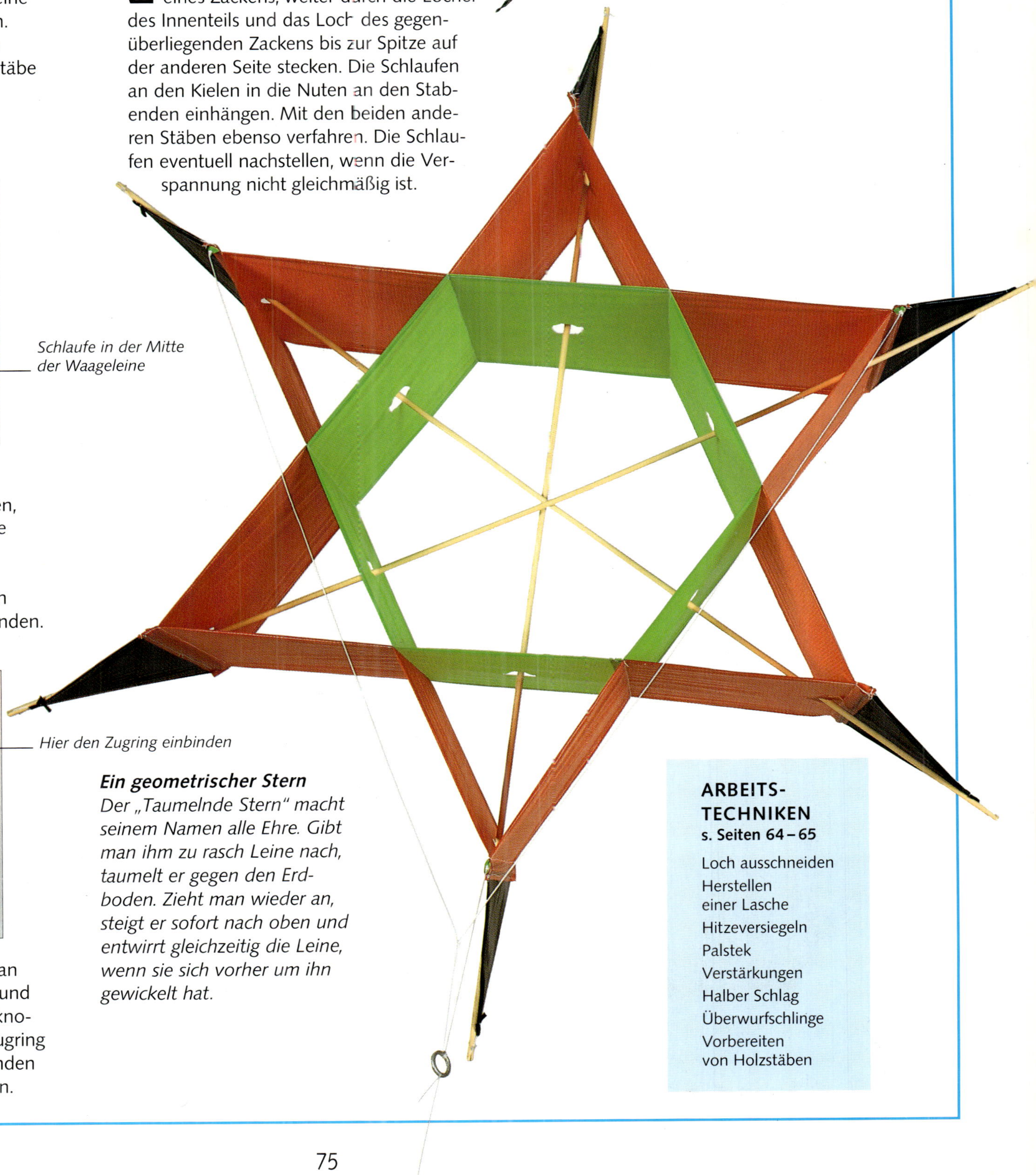

***Ein geometrischer Stern***
*Der „Taumelnde Stern“ macht seinem Namen alle Ehre. Gibt man ihm zu rasch Leine nach, taumelt er gegen den Erdboden. Zieht man wieder an, steigt er sofort nach oben und entwirrt gleichzeitig die Leine, wenn sie sich vorher um ihn gewickelt hat.*

**ARBEITS-TECHNIKEN**
**s. Seiten 64 – 65**
- Loch ausschneiden
- Herstellen einer Lasche
- Hitzeversiegeln
- Palstek
- Verstärkungen
- Halber Schlag
- Überwurfschlinge
- Vorbereiten von Holzstäben

# LENKDRACHEN

Bei diesem sehr wendigen Lenkdrachen verbindet sich die stromlinienförmige Deltaform mit der einfachen Konstruktion eines Kampfdrachens. Er wird in zwei Hälften gebaut, die dann verbunden werden, und hat einen flexiblen Bugstab und einen Achsholm. In der Luft kann dieser Lenkdrachen sämtliche Grundfiguren ausführen, vom Looping über das Rechteck bis zu den Achten. Man fliegt ihn an einer Leine mit 18 daN Bruchlast.

**MATERIALLISTE**

- Spinnakernylon nach Schnittmuster
- 2 Glasfaserstäbe, 58 cm und 1,7 m lang, 4 mm Durchmesser
- ca. 1,9 m geflochtene Nylonleine (25 daN Bruchlast)
- 2 Aluminiumringe
- 2 Stück Flugleine von 30 m Länge
- Filzstift oder Schneiderkreide
- Lineal und Zeichendreieck
- Schere
- Nähmaschine
- Nähgarn (Polyester)
- Streichhölzer oder Feuerzeug
- Nadel mit weitem Öhr

## Anfertigen der Tragfläche

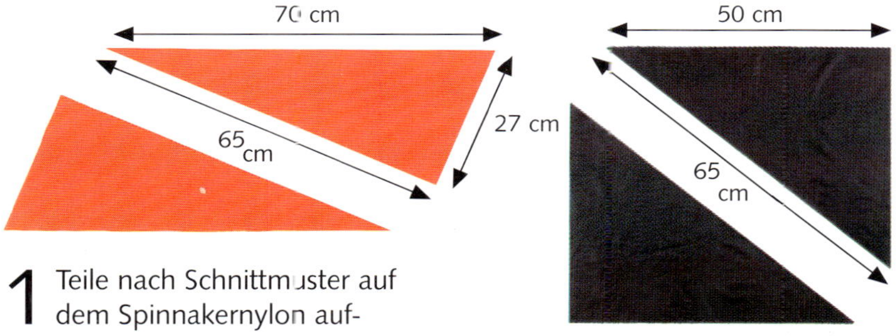


**1** Teile nach Schnittmuster auf dem Spinnakernylon aufzeichnen und ausschneiden.

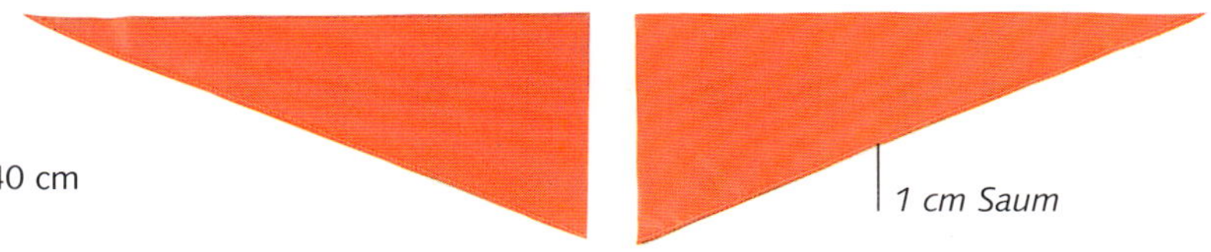


**2** Jeweils an der längsten Kante der roten Dreiecke einen 1 cm breiten Saum umnähen.

**3** Je ein rotes und ein schwarzes Dreieck, wie abgebildet, vernähen, dabei 1 cm Rand lassen. Das gleiche spiegelbildlich mit den beiden anderen Dreiecken ausführen.

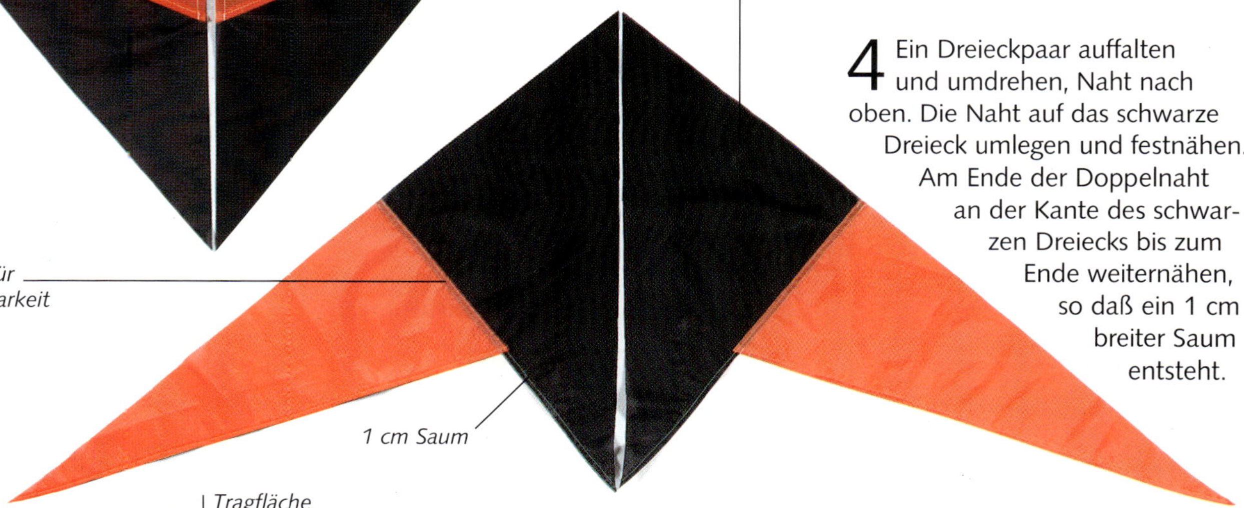


**4** Ein Dreieckpaar auffalten und umdrehen, Naht nach oben. Die Naht auf das schwarze Dreieck umlegen und festnähen. Am Ende der Doppelnaht an der Kante des schwarzen Dreiecks bis zum Ende weiternähen, so daß ein 1 cm breiter Saum entsteht.

**5** Um eine Tasche für den Bugstab zu erhalten, zunächst eine Linie 4 cm parallel zur langen geraden Kante der zusammengenähten Dreiecke aufzeichnen. Die Kante bis zur Linie umfalten und dicht an der Kante entlang aufnähen. Dabei eine 5 cm lange Öffnung, wie links im Bild gezeigt, frei lassen. Die entstandene Tasche wird an der Spitze entlang der Hinterkante zugenäht. Mit der anderen Tragflächenhälfte ebenso verfahren.

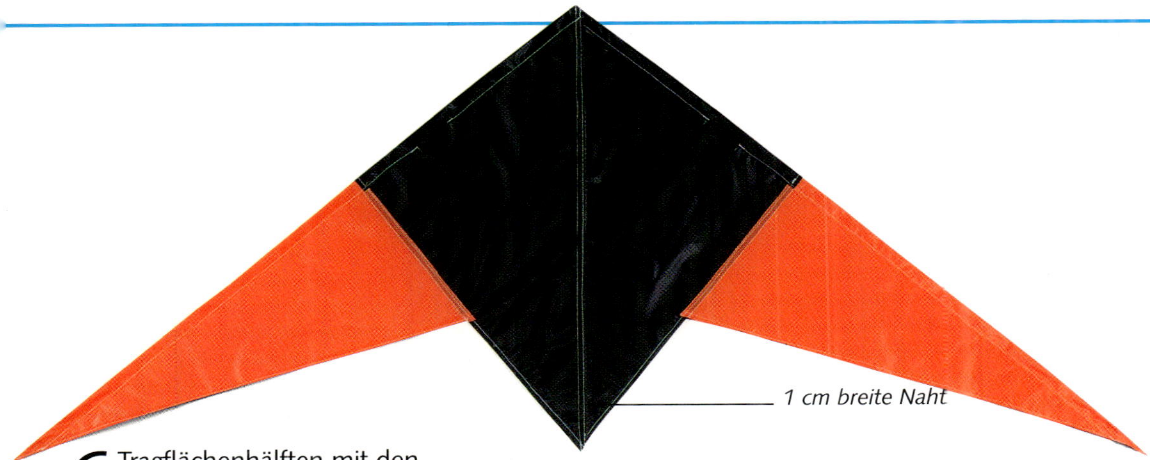


6 Tragflächenhälften mit den Vorderseiten aufeinanderlegen und mit 1 cm Abstand von der Kante zusammennähen. Auffalten und umdrehen, Naht nach oben. Die Naht nach einer Seite flach umlegen und festnähen, so daß eine Doppelnaht entsteht.

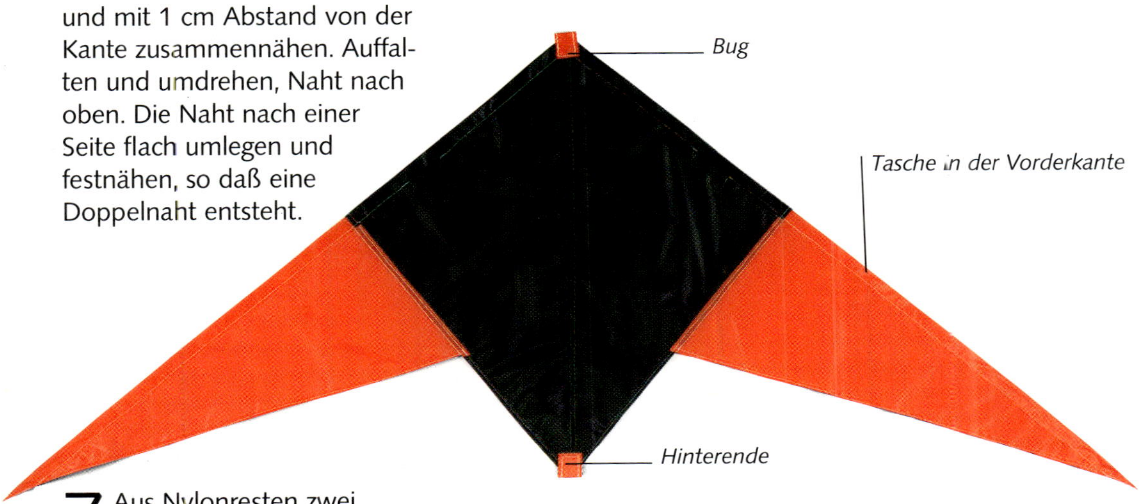


7 Aus Nylonresten zwei Taschen herstellen, eine am Bug, die andere am Hinterende des Drachens aufnähen.

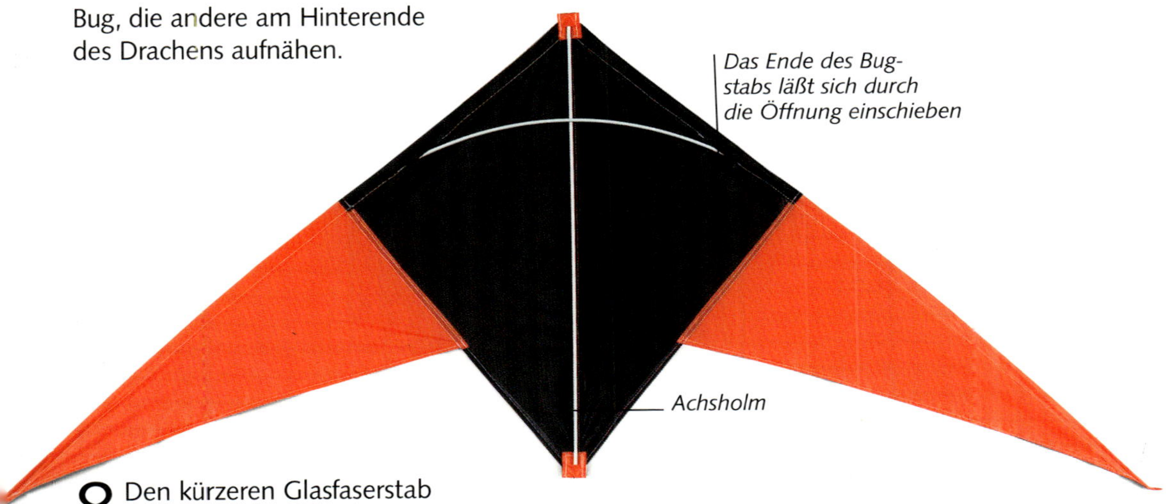


8 Den kürzeren Glasfaserstab als Achsholm zwischen die aufgenähten Taschen stecken, den längeren durch die Öffnungen in die Taschen an den Tragflächen-Vorderkanten einschieben, wie abgebildet.

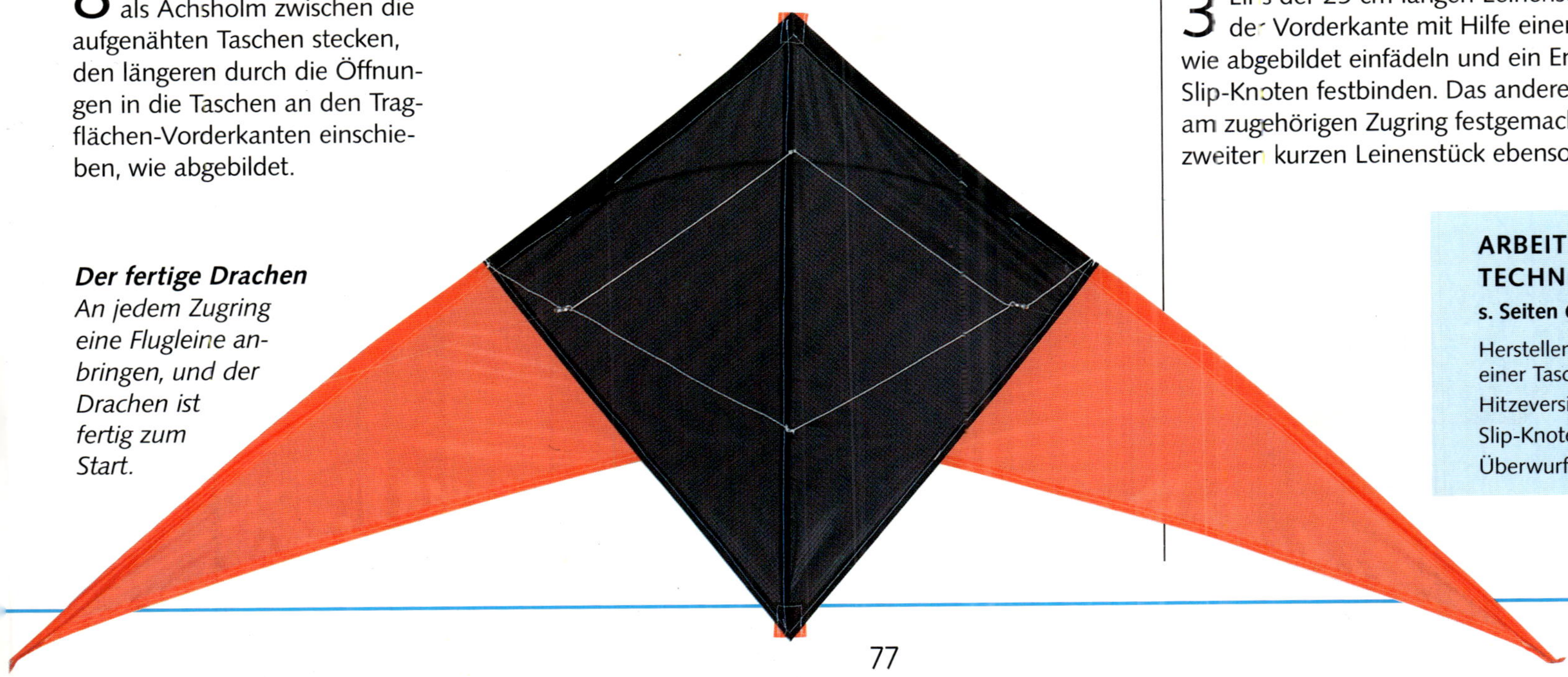

***Der fertige Drachen***
*An jedem Zugring eine Flugleine anbringen, und der Drachen ist fertig zum Start.*

## Waageleinen anbringen

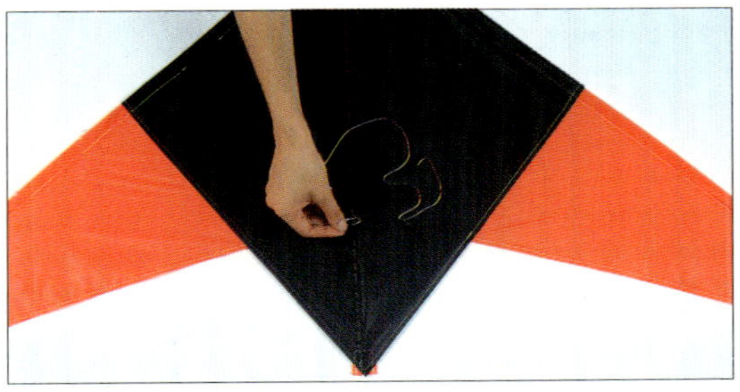

1 Je zwei Leinenstücke von 65 cm und 25 cm Länge abschneiden, Enden hitzeversiegeln. Ein 65 cm langes Stück mit einer Nadel 18 cm vom Hinterende entfernt durch die Mitte um den Achsholm herum und wieder nach vorn durchziehen. Das Ende mit Slip-Knoten festbinden.

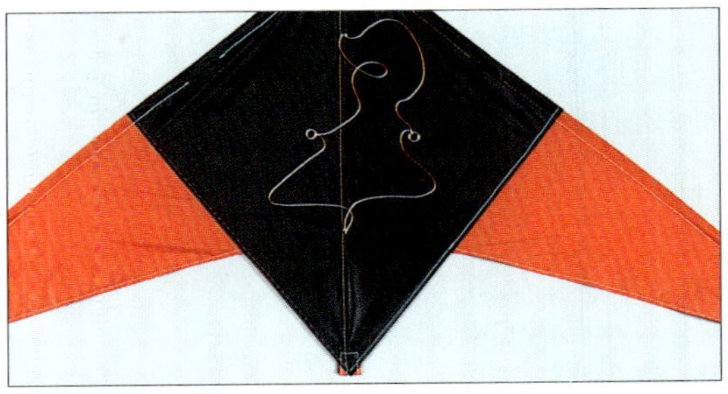

2 Das andere Ende des Leinenstücks genauso einfädeln und festbinden, jedoch 45 cm vom Hinterende entfernt. Schritte 1 und 2 mit dem zweiten 65-cm-Stück wiederholen. Zum Schluß an beiden Waageleinen, jeweils 29 cm vom vorderen Ende entfernt, einen Waagering mit einer Überwurfschlinge einbinden.

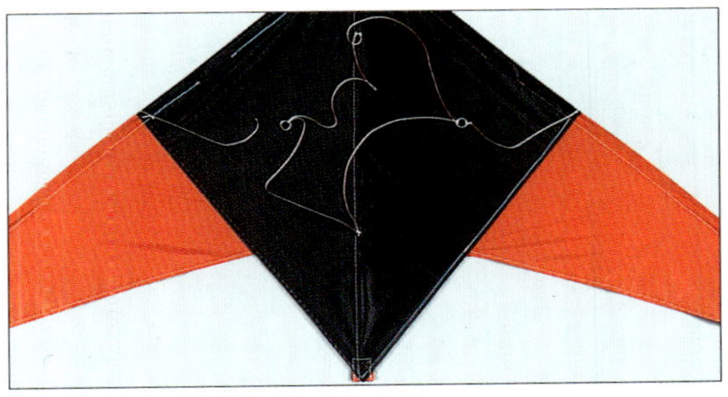

3 Eins der 25 cm langen Leinenstücke an der Vorderkante mit Hilfe einer Nadel wie abgebildet einfädeln und ein Ende mit Slip-Knoten festbinden. Das andere Ende wird am zugehörigen Zugring festgemacht. Mit dem zweiten kurzen Leinenstück ebenso verfahren.

**ARBEITS-TECHNIKEN**
**s. Seiten 64 – 65**
Herstellen einer Tasche
Hitzeversiegeln
Slip-Knoten
Überwurfschlinge

# Register

## Nützliche Adressen

Drachenclubs:

DCD
Drachenclub Deutschland e.V.
Wandsbeker Chaussee 32
2000 Hamburg 76

DCB
Drachenclub Berlin „Aero-Flott" e.V.
Hans Soyka
Lindenstraße 18
1000 Berlin 45

Zeitschriften:

DRACHENmagazin
Axel Voss, Drachenverlag
Brahmsallee 8
2000 Hamburg 13

KITE LINES
Aeolus Press, Inc.
8807 Liberty Road
Randallstown, Marylanc 21133
USA

VLIEGER
Postbus 53505
NL-2505 AM Den Haag

AMERICAN KITE
480 Clementina Street
San Francisco, CA 94103
USA

HOCH HINAUS
Das Magazin des DCD Drachenclubs
Deutschland e.V.
(Adresse s. rechts)

FANG DEN WIND
Magazin des DCB Drachenclubs Berlin
„Aero-Flott" (Adresse s. oben)

## Bildnachweis

Alle Fotos von Matthew Chattle, außer den nachfolgend aufgeführten: Barnaby's Picture Library, Robin Dawson: Seite 1; Gill und Jon Blum: Seiten 8–9; Paul Bricknell: Seiten 34, 36 (Mitte), 36/37 (großes Bild); Martin Cameron: Seiten 44, 45 (alle, außer Flach- und Kastendrachen), 46/47 (großes Bild); Sarah Kent: Seiten 17 (unten links), 35 (oben links), 46 (oben); Pictor International: Seiten 42/43; Susanna Price: Seiten 14 (oben), 21 (oben), 24 (kl. Bild im Rahmen), 32 (links), 33, 37 (oben rechts), 43 (kl. Bild), 46 (unten), 59 (kl. Bild); Ann Ronan Picture Library: Seiten 10, 11 (oben links); Royal Aeronautical Society: Seite 11 (oben rechts); Tim Walker: Seite 6.

## Dank

an alle, die freundlicherweise ihre Drachen für dieses Buch zur Verfügung stellten:
The Kite Store, Martin Lester, Windy Kites, Joel Scholz, High Flyers, Peter Lynn, Top of the Line, Tony Slater, Raindrop Kites, Graham Wyle, Wolfgang Schimmelpfennig, Rolf Sturm, Rare Air Kites und John Barker (Teddy am Fallschirm).